Gervásio Fernando Alves Rios

Irrigação e fenologia da mamoneira

Gervásio Fernando Alves Rios

Irrigação e fenologia da mamoneira

Manejo e época de suspensão de irrigação, componentes produtivos, cobertura, índice de área foliar e fases da cultura

Novas Edições Acadêmicas

Impressum / Impressão
Bibliografische Information der Deutschen Nationalbibliothek: Die Deutsche Nationalbibliothek verzeichnet diese Publikation in der Deutschen Nationalbibliografie; detaillierte bibliografische Daten sind im Internet über http://dnb.d-nb.de abrufbar.
Alle in diesem Buch genannten Marken und Produktnamen unterliegen warenzeichen-, marken- oder patentrechtlichem Schutz bzw. sind Warenzeichen oder eingetragene Warenzeichen der jeweiligen Inhaber. Die Wiedergabe von Marken, Produktnamen, Gebrauchsnamen, Handelsnamen, Warenbezeichnungen u.s.w. in diesem Werk berechtigt auch ohne besondere Kennzeichnung nicht zu der Annahme, dass solche Namen im Sinne der Warenzeichen- und Markenschutzgesetzgebung als frei zu betrachten wären und daher von jedermann benutzt werden dürften.

Informação biográfica publicada por Deutsche Nationalbibliothek: Nationalbibliothek numera essa publicação em Deutsche Nationalbibliografie; dados biográficos detalhados estão disponíveis na Internet: http://dnb.d-nb.de.
Os outros nomes de marcas e produtos citados neste livro estão sujeitos à marca registrada ou a proteção de patentes e são marcas comerciais registradas dos seus respectivos proprietários. O uso dos nomes de marcas, nome de produto, nomes comuns, nome comerciais, descrições de produtos, etc. Inclusive sem uma marca particular nestas publicações, de forma alguma deve interpretar-se no sentido de que estes nomes possam ser considerados ilimitados em matérias de marcas e legislação de proteção de marcas e, portanto, ser utilizadas por qualquer pessoa.

Coverbild / Imagem da capa: www.ingimage.com

Verlag / Editora:
Novas Edições Acadêmicas
ist ein Imprint der / é uma marca de
OmniScriptum GmbH & Co. KG
Heinrich-Böcking-Str. 6-8, 66121 Saarbrücken, Deutschland / Niemcy
Email / Correio eletrônico: info@nea-edicoes.com

Herstellung: siehe letzte Seite /
Publicado: veja a última página
ISBN: 978-3-639-74487-3

Zugl. / Aprovado/a pela/pelo: Lavras, Universidade Federal de Lavras, Teses Doutorado, 2012

Ao nosso Deus, pelo bom encontro e a luz do Sol.

Aos meus avôs (*in memoriam*), Manuel José Caxito e Evilásia Alves da Mata, e Gervásio Gonçalves Rios e Joselina Maria de Jesus, pelo legado e esforço para possibilitar aos seus, estudo e conhecimento.

Aos meus tios, com carinho; à minha tia, madrinha e incentivadora, Maria das Graças Alves Oliveira, pela confiança, dedicação e ajuda.

Aos meus irmãos, amigos e familiares, pela paciência e experiências vividas.

Aos mestres e professores que, em todo momento, com muita luta, dedicação e respeito, orientam para o caminho da luz.

OFEREÇO

Aos meus pais, Gervásio e Sena, pelo amor
À Fabiana e Laura nossa filha, companheiras de todos os tempos
e a todos aqueles que, incansavelmente, sonham e buscam a felicidade,
DEDICO

A prática faz o mestre; o desafio, a grandeza espiritual; a escolha de nossos amigos, nossa fortaleza e a identificação de nossos inimigos, a sabedoria de viver.

AGRADECIMENTOS

A Deus, pelo bom encontro e aos meus pais.

À Universidade Federal de Lavras (UFLA), pela oportunidade de realização do curso de Pós-Graduação por meio do qual este trabalho foi possível. À Coordenação de Aperfeiçoamento de Pessoal de Nível Superior (CAPES), pela concessão de bolsa e ao Conselho Nacional de Desenvolvimento Científico e Tecnológico (CNPq), pelo financiamento do projeto. À Fundação de Amparo à Pesquisa e Extensão do Estado de Minas Gerais (FAPEMIG). Ao Financiador de Estudos e Projetos (FINEP), pelo auxílio e disponibilidade de recursos e a todos aqueles que, de alguma forma, direta ou indiretamente, contribuíram para a realização deste trabalho,

meu muito obrigado!

SUMÁRIO

RESUMO

Este trabalho foi realizado com a mamoneira, 'IAC 2028', irrigada por gotejamento, de março a outubro/2011, sob as condições climatológicas de Lavras, MG, objetivando-se estimar: a) estádios, fases fenológicas e parâmetros de irrigação; b) índice de área foliar, IAF, por diferentes métodos; c) efeito dos fatores água (A) e épocas de suspensão da irrigação (E) sobre o desenvolvimento vegetativo, componentes de produção e produtividades. O experimento foi conduzido em delineamento por blocos casualizados e esquema fatorial 5x5+1 dos fatores A e E com cultivo de sequeiro A0E0 (testemunha) e três repetições, sendo A0, A1, A2, A3, A4 e A5 a 0%, 40%, 70%, 100%, 130% e 160% da lâmina de água de reposição de referência necessária para elevar a umidade do solo à capacidade de campo e E0, E1, E2, E3, E4 e E5 as suspensões da irrigação nos estádios correspondentes, respectivamente. Foram 78 parcelas, cada uma de 16 plantas espaçadas de 0,75 x 1,2 m entre fileiras e 4 plantas úteis centrais, mais 39 parcelas de referência A3E5 utilizadas para amostragem destrutiva de planta, avaliadas periodicamente, dias após a semeadura (DAS), para mensuração de variáveis das plantas. IAF foi medido e estimado, com o uso de imagens digitais, por meio de metodologia de amostragem não destrutiva. Concluiu-se que: a) a caracterização dos estádios foi adequada às fases fenológicas I, II, III e IV do ciclo de 220 DAS; A4 correspondeu à fração de esgotamento de água no solo (f = 0,43) à tensão de 14 kPa e A4E4 destacou-se com maior produtividade total (PT) e capacidade evapotranspirométrica (ETc); máximos ETc (3,4 mmd^{-1}) e coeficiente da cultura (Kc = 0,87) foram obtidos no estádio E3 para A3E5; b) os IAF obtidos pelos métodos foram coerentes com as fases I, II, III e IV e mostraram-se simples à estimativa desse índice; c) A e E afetaram de forma independente a parte vegetativa e de produção da cultura, exceto altura de planta; o máximo IAF (2) obtido com A4 no estádio E3 e a máxima cobertura do solo atingiu de 85%. As produtividades primária, secundária e terciária em relação à total (PT) se mantiveram nas proporções de 37%, 54% e 9%, e a máxima PT média (3.882 kg ha^{-1}) foi obtida com lâmina de 460 mm, resultante de A4E4. A porcentagem total de grãos chochos no sequeiro foi o dobro do obtido nos cultivos irrigados.

Palavras-chave: *Ricinus communis* L. Irrigação. Evapotranspiração. Estádios fenológicos. Índice de área foliar. Fração de cobertura. Fator de esgotamento de água. Estresse hídrico. Período crítico de crescimento. Componentes de produção.

i

ABSTRACT

This study was conducted with the castor bean, IAC 2028, drip irrigated from March to October/2011, under the climatic conditions of Lavras-MG aiming to estimate: a) stadiums and phases phenological and parameters of irrigation b) leaf area index, LAI, by different methods, c) effect of the factors water (A) and periods without irrigation (E) on vegetative growth, yield and yield components. Experiment conducted in randomized block in the design factorial 5x5+1 from the factors A and E with rainfed crop A0E0 (control) and three replications, with A0, A1, A2, A3, A4 and A5 to 0%, 40%, 70 %, 100%, 130% and 160% of the water depth replacement of reference required to raise the soil moisture to field capacity and; E0, E1, E2, E3, E4 and E5 the suspensions of irrigation in stadiums corresponding respectively; were 78 plots, each with 16 plants spaced 0.75 x 1.2 m between rows and 4 central plants useful, plus 39 reference parcels A3E5 used for destructive sampling the plant, periodically evaluated, days after seeding (DAS), to measurement the variables the plant; LAI was measured and estimated with use of digital images for non-destructive sampling methodology. It is concluded that: a) the characterization of stadiums was adequate to phenological stages I, II, III and IV cycle OF 220 DAS; A4 corresponded to the fraction of soil water depletion (f = 0.43) to the tension of 14 kPa and A4E4 stood out with total productivity higher (PT) and evapotranspiration capacity (ETc); The ETc maximum (3.4 mm d-1) and crop coefficient (Kc = 0.87) were obtained in stadium E3 to A3E5; b) the IAF obtained by the methods were coherent phases I, II, III and IV and proved to be simple to estimate this index; c) A and E affect, independently, the vegetative part and of crop production, except plant height; the maximum LAI (2) obtained with A4 in the stadium E3 and the maximum from coverage of the soil has reached 85%; the relative productivities from total (PT) primary, secondary and tertiary were maintained in proportions of 37, 54 and 9%, and the average maximum PT (3,882 kg ha^{-1}) was obtained with 460 mm water depht resulting from A4E4; the total percentage the voids grain obtained in dryland was twice that obtained in the irrigated crops.

Keywords: *Ricinus communis* L. Irrigation. Evapotranspiration. Phenological stadiums. Leaf area index. Ground cover fraction. Depletion factor. Drought-stressed. Critical growing period. Yield components.

1 INTRODUÇÃO

O principal produto da mamoneira, desde a Antiguidade, é o óleo extraído de suas sementes, utilizado como combustível para iluminação por meio das "lamparinas ou candeeiros" e na fabricação de cosméticos e medicamentos. A extração do óleo da mamona pode chegar a 55%, sendo o subproduto denominado torta ou farelo de mamona, com até 50% em teor de proteínas. Porém, em razão de suas propriedades tóxicas para alimentação animal, é utilizado, comumente, como fonte de nutrientes na adubação de solo.

Na indústria, o óleo de mamona é utilizado para a fabricação de cosméticos, medicamentos, fabricação do náilon, espumas e revestimentos resistentes a incêndio, aditivos anticongelantes de combustíveis de aeronaves e lubrificantes, entre outros. Atualmente, dentre as oleaginosas, o óleo de mamona também vem sendo utilizado como fonte de energia para motores de ciclo diesel, o biodiesel. Especialmente em razão do seu alto valor de mercado na indústria ricinoquímica, o óleo de mamona tem sido utilizado como aditivo desse combustível em substituição aos aditivos derivados de petróleo. Assim, com a crescente demanda energética mundial, maior atenção tem sido dada à produção das oleaginosas relacionada aos programas governamentais de fontes de energia renováveis e alternativas e, com isso, a ênfase está nos biocombustíveis, dos quais o biodiesel já é uma realidade.

Na Europa, o consumo do biodiesel (atendido, principalmente, pela produção interna) foi da ordem de 195.000 toneladas, em 1998, atingindo o consumo de 427.000 toneladas, em 2002. Nos Estados Unidos, além dos estados cujo consumo não é obrigatório, leis aprovadas em Minnesota e Carolina do Norte tornaram obrigatório, a partir de 01/01/2002, que todo o diesel consumido tivesse 2% de biodiesel (OLIVEIRA, 2001).

No Brasil, atualmente, no diesel, utiliza-se a mistura B5, ou seja, incorporam-se 5% de biodiesel ao diesel fóssil, devendo chegar gradualmente a B7 em 2013, B10 em 2016 e B20 em 2020, podendo esta escala ser antecipada em caso de aumento da produção nacional, já sendo prevista, para 2013, a utilização do B20 metropolitano em transportes urbanos (UNIÃO BRASILEIRA DO BIODIESEL, UBRABIO, 2012). Para atender ao primeiro percentual, a área de plantio de oleaginosas é estimada em 1,5 milhão de hectares, equivalente a 1% dos 150 milhões plantados e disponíveis para agricultura (BRASIL, 2008). Dentre as oleaginosas, a atual produção brasileira de mamona é de 110,4 mil toneladas, em 154,8 mil hectares, sendo o nordeste responsável por 90,5% da produção, com área cultivada de 145,4 mil hectares e produtividade de 687,0 kg ha^{-1} (COMPANHIA NACIONAL DE ABASTECIMENTO, CONAB, 2010).

A implementação de um programa energético com biodiesel abre oportunidades para grandes benefícios sociais, a geração de emprego por capital investido, as demandas por mão de obra qualificada para o processamento, a promoção do trabalhador rural, particularmente no sistema de agricultura familiar e vantagens ambientais inerentes, como a redução de emissão de poluentes e de enxofre, o que evita custos com saúde pública e de gases responsáveis pelo "efeito estufa". Entretanto, para que esses benefícios econômicos, sociais e ambientais do Programa Nacional do Biodiesel sejam efetivamente consolidados, diversos estudos deverão ser realizados para que ele se estenda às áreas de cultivos no país e, ainda, com aumento de produtividade para as diversas culturas agrícolas oleaginosas em potencial para a produção de biodiesel.

Diversos são os fatores que afetam a produção de uma cultura. Entre eles estão os de natureza não controlada pelo homem, referentes às condições meteorológicas da superfície, entre cujos elementos destacam-se a radiação solar, a temperatura e a precipitação pluvial. No Brasil, em particular na região sul do estado de Minas

2

Gerais, dentre outras culturas, faltam informações sobre a interação da mamona com as condições climáticas locais, a necessidade hídrica da cultura, a sua vulnerabilidade e, principalmente, informações técnicas e econômicas da potencialidade produtiva dessa cultura para a produção de biodiesel.

A determinação da demanda hídrica de uma cultura para fins de um adequado planejamento, dimensionamento e manejo de sistemas de irrigação ou, mesmo, para fins de estudos climáticos e hidrológicos, envolve o estudo de variedades potencialmente produtivas e sua viabilidade econômica na região. Acredita-se que o cultivo da mamona, entre outras oleaginosas, possa trazer grande contribuição para a geração de emprego e renda, alavancar a exploração econômica para a produção de biodiesel em várias regiões do Brasil, sem competir com a produção alimentar e, principalmente, com grande participação da agricultura familiar e empresarial, promovendo o desenvolvimento e a distribuição de renda nessas regiões.

Nesse contexto, propôs-se, com este estudo realizado com a cultura da mamona irrigada por gotejamento, cultivar IAC 2028, sob as condições climáticas do município de Lavras, Minas Gerais, alcançar os seguintes objetivos: a) caracterizar os estádios e as fases fenológicas da cultura; b) estimar os parâmetros básicos do manejo de irrigação; c) avaliar a estimativa do índice de área foliar por diferentes métodos e; d) avaliar o efeito isolado e conjunto das lâminas de água e épocas de suspensão da irrigação sobre o desenvolvimento vegetativo, componentes de produção e produtividades.

2 REFERENCIAL TEÓRICO

Nesse tópico, longe de esgotar o assunto, são abordados alguns itens relacionados a esse estudo e à cultura da mamona.

2.1 Cultura da mamona

A mamona (*Ricinus communis* L.) também é denominada, no Brasil, de carrapateira, palma-crísti e ricino. Em espanhol, é conhecida como *higuerilla*, *higuerete*, *palma christi*, *higuera* e *tártago*; em francês, *ricinus*; em inglês, *castor bean* e *castor seed* e, em alemão, *wunderbaun*. Trata-se de uma das 7.000 espécies da família das Euforbiáceas (BELTRÃO et al., 2001).

2.1.1 Distribuição geográfica, botânica e requerimentos ambientais

Existem controvérsias na determinação, com precisão, da origem da mamoneira, o que é decorrente da sua ampla adaptação às mais distintas condições climáticas. Apesar de ser uma cultura de regiões predominantemente quentes, é encontrada em locais de clima ameno. Atualmente, a hipótese mais aceita é a de que o centro de origem da mamona seja a Etiópia, no leste da África (LORENZI, 2000; BELTRÃO et al., 2001).

É uma espécie conhecida desde os tempos remotos e cujas sementes foram encontradas em urnas funerárias de sacerdotes egípcios. Acredita-se que esta civilização já cultivava a mamona há mais de 4.000 anos, para fins medicinais e também para a iluminação, com o óleo extraído de suas sementes (RODRIGUES; OLIVEIRA; FONSECA, 2002).

Não existem informações precisas sobre a época da introdução da cultura no Brasil, mas alguns autores acreditam que ela tenha sido trazida pelos colonizadores portugueses, no primeiro século do descobrimento (GONÇALVES; BENDEZÚ; LELES, 1981; VASCONCELOS, 1990). Azevedo et al. (2001) destacam a adaptação da mamona a quase todas as regiões do país e ressaltam que as regiões nordeste,

4

sudeste e sul, especificamente os estados da Bahia, São Paulo e Paraná, respectivamente, são os principais produtores desta oleaginosa.

A mamona abrange vasto número de tipos de plantas nativas da região tropical, sendo a espécie *Ricinus communis* L. a única conhecida (SAVY FILHO et al., 1999; SAVY FILHO, 2003). Trata-se de uma planta de elevada complexidade morfológica e fisiológica (BELTRÃO; SILVA, 1997) e também de hábito de crescimento variado, com diversas colorações de caule, folhas e racemos (cachos), podendo ou não possuir cera no caule e no pecíolo. Os frutos, em geral, possuem três bagas ou sementes, espinhos e, em alguns casos, são inermes. As sementes apresentam diferentes tamanhos, formatos e grande variabilidade de coloração, além de variação no seu conteúdo de óleo, que pode chegar a 55% (RODRIGUES FILHO, 2000).

Nos trópicos e subtrópicos, comporta-se como uma planta semiperene e pode atingir até 13 m de altura e diâmetro do caule de 7,5 a 15 cm. Em zonas temperadas, é uma planta anual, com altura média entre 1 a 3 m (TÁVORA, 1982; BELTRÃO et al., 2001). No território brasileiro, ocorre espontaneamente em muitas áreas e tem porte variado, mas, sob cultivo, apresenta hábito de crescimento arbustivo (RODRIGUES; OLIVEIRA; FONSECA, 2002).

O ambiente tem grande influência no crescimento radicular da mamona. É pivotante, podendo chegar a até 3 m de profundidade e as raízes laterais são bem desenvolvidas e situam-se a poucos centímetros da superfície do solo. Em condições de pouca disponibilidade hídrica, o sistema radicular se desenvolve a grandes profundidades, com as raízes laterais explorando um grande volume de solo. Sob irrigação ou em condições de elevada disponibilidade de água, o sistema radicular é menos desenvolvido e mais compactado (TÁVORA, 1982; CARVALHO, 2005).

É uma planta de metabolismo fotossintético C_3, com elevada taxa de fotorrespiração e que necessita de dias longos com, pelo menos, 12 horas de luz por dia para produzir satisfatoriamente (AZEVEDO et al., 2001; BELTRÃO et al., 2001).

5

Mas, segundo Daí, Edwards e Ku (1992), a mamoneira é uma planta de elevada capacidade fotossintética, em especial sob condições adequadas de disponibilidade hídrica, uma vez que o processo fotossintético é sensivelmente afetado quando ocorrem demandas atmosféricas elevadas.

Embora seja considerada de clima quente, a mamoneira é extremamente adaptável às mais variadas condições ambientais. Desenvolve-se muito bem em climas tropicais e subtropicais, podendo ser produzida também em zonas temperadas. Sua área de cultivo está normalmente compreendida entre os 40°N e 40°S. Nas zonas temperadas, com verões secos, encontra as condições mais favoráveis para a produção máxima. Pode ser cultivada em muitos tipos de solo, porém, como a maioria das culturas agrícolas, dá preferência a solos bem drenados, de textura franca e bem balanceados, do ponto de vista nutricional (TÁVORA, 1982). Uma das causas do baixo rendimento da mamoneira no Brasil é a utilização de solos de baixa fertilidade natural, além da pouca adoção de práticas mais racionais de preparo, adubação e correção da acidez do solo.

Sua produção e rendimento dependem das condições ambientais, sendo os elementos climáticos precipitação pluvial, temperatura e umidade relativa do ar, associados à altitude, os que mais contribuem para que expressem o seu máximo potencial genético, em termos de produtividade (SILVA; AMORIM NETO; BELTRÃO, 2000). Segundo Carvalho (2005), a altitude é um dos fatores mais importantes a serem levados em consideração e recomenda a exploração comercial em áreas com altitudes entre 300 a 1.500 m acima do nível do mar, onde, teoricamente, estaria o ótimo para a cultura, o que não descarta o seu cultivo em locais com altitudes diferentes das mencionadas.

Apesar de a mamona ser resistente à seca, no mínimo cinco meses de estação chuvosa ao ano são necessários. De acordo com Távora (1982), é necessário que ocorram, no mínimo, precipitações entre 600 a 750 mm durante o ano. A falta de

6

água no solo, mesmo que na fase de maturação dos frutos, implica em sementes com baixo peso e teor de óleo. Em razão da mais recente e crescente demanda pela expansão da cultura da mamona no estado de Minas Gerais, assim como para outras regiões do Brasil, faltam informações sobre a interação da cultura com as condições climáticas locais, como também de suas necessidades hídricas e econômicas.

2.1.2 Uso e importância econômica

O principal produto da mamoneira é o óleo extraído de suas sementes, utilizado pelo homem desde a Antiguidade. Por apresentar elevado teor de ácido ricinoleico (90%), esse óleo difere dos demais pela alta viscosidade e estabilidade à oxidação, mantidas mesmo com grande variação de temperatura, além de ser o único óleo vegetal solúvel em álcool à baixa temperatura. Dessa forma, tem facilitada a sua utilização por empresas do ramo químico. Os demais óleos vegetais perdem viscosidade em altas temperaturas e solidificam em baixas (FREIRE; SEVERINO, 2006).

O processo de produção do biodiesel a partir de frutos ou sementes oleaginosas foi patenteado por um brasileiro, o professor Expedito José de Sá Parente, da Universidade Federal do Ceará (PARENTE, 1983).

Para cada 100 kg de óleo de mamona extraído, são produzidos mais ou menos 130 kg de um importante subproduto, denominado torta ou farelo de mamona, que é um excelente adubo orgânico, com teor médio de macronutrientes da ordem de 4,4% de nitrogênio, 1,8% de fósforo e 1,4% de potássio (FREIRE, 2001). Por outro lado, além da produção de óleos vegetais, é importante a demonstração dos aspectos de recuperação de solos improdutivos, por meio da nitrogenação com o cultivo de espécies oleaginosas.

O Brasil foi, durante décadas, o maior produtor mundial de mamona em grão e exportador de óleo. Contudo, em 1982 e 1993, Índia e China superaram o Brasil e tornaram-se, respectivamente, o primeiro e o segundo maiores produtores de mamona do mundo. A partir desse período, quando o Brasil passou a ocupar o terceiro lugar, sua produção caiu de cerca de 300 mil toneladas, no final da década de 1980, para 80 mil toneladas, em 1997. Esta produção está concentrada, principalmente, na Bahia e nos estados do nordeste (SILVA; AMORIM NETO; BELTRÃO, 2000; CORRÊA; SILVA; TAVORA, 2004; SANTOS et al., 2001). Nos estados em que os rendimentos médios são maiores, São Paulo, Paraná e Minas Gerais, a área colhida e a produção de mamona são insignificantes, apesar de um pequeno incremento ocorrido entre 1998 e 2001.

No Brasil, depois de sucessivas reduções de produção e área colhida, a mamonocultura evidenciou recuperação nas safras de 2004 e 2005. Nesses anos, a área plantada no país representou, respectivamente, 14% e 15% do total mundial e a produção correspondeu a 11% e a 13% do montante produzido mundialmente (SANTOS; KOURI, 2006). A mamona contribui com cerca de 0,8% na matriz oleaginosa no Brasil, com cerca de 160.000 hectares cultivados, principalmente na região nordeste, em condições climáticas mais secas e com produtividade média baixa, em torno de 350 litros de óleo por hectare. Entretanto, é uma planta que pode ser utilizada em sistemas mecanizados e também em sistemas de agricultura familiar, nos quais poderá ser conduzida em sistemas associados com outras culturas, de ciclo anual ou perene.

2.1.3 Produção nas regiões Sul de Minas e Zona da Mata Mineira

Pesquisas sobre levantamento ou abordagem técnica e econômica da realidade e potencial produtivo de uma cultura em âmbito local ou regional são poucas; particularmente para a mamoneira são raras. Nesse sentido foi realizada, nas regiões da Zona da Mata e do Sul de Minas, por Silva, Esperanicini e Bueno, (2010), uma pesquisa na qual se identificou que as propriedades nessas regiões possuem área média de 24,6 e 29 ha, cultivando 15,8 e 17,4 ha, das quais 9,36 e 3,10 ha são, em média, destinados à produção de mamona, respectivamente. Todos os produtores disseram ser proprietários e com renda média mensal de 6,2 e 6,0 salários mínimos, exclusiva da atividade agrícola. A mão de obra utilizada é predominantemente familiar, ocorrendo também a utilização de trabalho temporário. O Programa Nacional de Produção e Uso do Biodiesel (PNPB) é apontado, pelos produtores, como a principal motivação para efetuarem o plantio da mamona, assim como os incentivos da prefeitura, fornecendo semente, adubo, calcário e sulfato de amônia, além da existência de mercado, com a compra da produção garantida via contrato com a prefeitura.

Nessas duas regiões, Zona da Mata e Sul de Minas, conforme Silva, Esperanicini e Bueno (2010), a produtividade média da cultura situa-se no patamar de 1.024 e 1.310 kg ha^{-1}, superando em 38,19% e 76,79% a média nacional, que é de 741 kg ha^{-1}, mas está 24,43% e 3,32% abaixo da produtividade estadual, que é de 1.355 kg ha^{-1}, respectivamente. Constataram ainda os autores que, nessas duas regiões, predomina o cultivo de café e que, no cultivo da mamoneira, a variedade Guarani é predominante na maioria das propriedades, no sistema solteiro, atingindo apenas 41,0% a 52,4% da produtividade esperada para esta variedade, que é de 2.500 kg ha^{-1}. Apesar de a variedade permitir uma só colheita, nas duas regiões essa operação é repetida duas vezes, pela maioria dos produtores.

2.1.4 Irrigação da mamoneira

Uma agricultura irrigada eficiente pressupõe a utilização da água e do sistema de irrigação de forma a obter a máxima produção por unidade de água aplicada. Torna-se, pois necessária a adoção de um manejo de irrigação racional e criterioso, que permita um perfeito fornecimento de água durante o crescimento da cultura (ANDRADE JÚNIOR; KLAR, 1996).

9

A irregularidade das chuvas nas várias regiões produtoras de mamona, aliada aos períodos de estiagem durante a época chuvosa, tem prejudicado a cultura. A maior evidência disso são as baixas produtividades obtidas, sendo de cerca de 600 kg ha^{-1} a média mundial e de 722 kg ha^{-1} a média brasileira (SILVA; AMORIM NETO; BELTRÃO, 2000). Desse modo, para minimizar problemas decorrentes do estresse hídrico e garantir produtividades mais elevadas, a adoção da tecnologia de irrigação passa a ser uma excelente alternativa, que pode propiciar estabilidade da produção agrícola (BARROS JÚNIOR et al., 2008). A mamoneira é bastante exigente quanto à umidade do solo, em especial no período de enchimento dos frutos e o manejo da irrigação deve ser ministrado com pouca água em intervalos curtos, devendo ser suspensa um mês antes da colheita (BELTRÃO, 2004).

A irrigação da mamoneira pode ser realizada por diversos métodos. Contudo, segundo Andrade Júnior e Klar (1996), no sistema por gotejamento, no qual a água é aplicada diretamente na zona radicular da planta, observa-se uma economia de água, em geral entre 20% e 30%, podendo atingir até 60% em culturas frutíferas com grande espaçamento, em relação ao sistema por aspersão. Além dessa, cita-se também como vantagem da irrigação por gotejamento a redução de custos de controle devido à menor infestação de plantas daninhas, pragas e doenças, favorecidas com a irrigação da área total e da parte aérea da planta.

No Brasil, as áreas irrigadas com mamona são poucas, com alguns registros na Bahia, no Rio Grande do Sul e no Maranhão, atingindo até mais de 6,0 toneladas de baga ha^{-1}, em alguns casos. No caso do uso da irrigação na mamona, este fato somente se justifica quando se utiliza alta tecnologia para maximizar a produtividade, com elevado teor de óleo de boa qualidade (BELTRÃO, 2004). Dentre as vantagens da irrigação está a possibilidade de antecipar a época de plantio, para que a colheita seja realizada nos meses mais secos do ano (CURI; CAMPELO JÚNIOR, 2004; CARVALHO, 2005).

10

Segundo Beltrão e Cardoso (2006), a mamoneira tem potencial produtivo de 10.000 kg ha^{-1} de grãos e, em algumas localidades, já foram obtidas produtividades de 8.500 kg ha^{-1}, com cultivares anãs em regime de irrigação. Para a cultivar BRS 149 Nordestina, cujo produtividade média, em condições de sequeiro, é de 1.500 kg ha^{-1}, a utilização da irrigação pode ampliar este valor para 3.500 kg ha^{-1} ou, até mesmo, 4.500 kg ha^{-1} (BELTRÃO, 2001 e CARVALHO, 2005).

2.2 Estádios de desenvolvimento e escala fenológica

A tecnologia no campo da agricultura envolve a aplicação do conhecimento de diferentes áreas das ciências, tais como botânica, fisiologia vegetal, fenologia (estudo dos fenômenos periódicos da viva e suas interações com o ambiente), edafologia, fitopatologia, entomologia, climatologia, engenharias e economia, entre outras, visando o controle e o aumento da produção agrícola. O controle da produção e/ou o aumento da produtividade econômica das plantas só são possíveis conhecendo-se os fatores que atuam sobre o crescimento e o desenvolvimento da cultura (PEIXOTO; CRUZ; PEIXOTO, 2011). Em agricultura, o ciclo fenológico, ou ciclo produtivo da cultura, pode ser representado por uma curva de crescimento (produtividade biológica) e/ou escala de desenvolvimento fenológico da cultura (escala fenológica), subdividida em diferentes períodos de crescimento e desenvolvimento, marcados por momentos de mudanças quantitativas e qualitativas, visíveis ou invisíveis (BELTRÃO, 2002; PEIXOTO; CRUZ; PEIXOTO, 2011; LUCCHESI, 1984).

O crescimento de uma planta é entendido como expressão quantitativa que envolve os processos de divisão e expansão de diversos tipos de células. Consiste em mudanças quantitativas do corpo vegetal ligadas ao aumento irreversível de algum atributo físico, seja em massa, volume e/ou número de células, aumento do material protoplasmático de reserva nas células por vacuolização, divisão e alongamento celular. Nesse processo de crescimento, a água desempenha importante função, tanto

11

é que, em déficit hídrico, o crescimento em extensão é o mais sensível, pois depende da pressão de turgor (BELTRÃO, 2002; PEIXOTO; CRUZ; PEIXOTO, 2011). O desenvolvimento de uma planta, por sua vez, é a expressão qualitativa complementar ao crescimento que envolve processos de especialização celular (ou diferenciação) e morfogênese (mudança da forma das células e órgãos). O desenvolvimento vegetal, normalmente, depende do crescimento e é confundido frequentemente como parte do crescimento (LIMA FILHO; VALOIS; LUCAS, 2004; BELTRÃO, 2002; PEIXOTO; CRUZ; PEIXOTO, 2011).

Crescimento e desenvolvimento vegetal são processos graduais complexos, simultâneos e complementares que expressam as características fenotípicas resultantes da ação conjunta de fatores internos (genótipo) e externos (ambiente) em diferentes momentos, estádios e/ou fases do ciclo, tais como germinação, juvenilidade, floração, frutificação, maturação, senescência e morte. Esses momentos de mudança, denominados estádios ou fases fenológicas de cada planta, são expressos em termos médios por mudanças específicas da planta, tais como grau de crescimento vegetativo, aparição, transformação ou desaparecimento de um órgão da planta. O conceito e/ou a definição de crescimento e desenvolvimento relacionados à escala fenológica são muito bem ilustrados pela figura de uma escada (daí o nome escala). Nessa ilustração do ciclo de um indivíduo como uma escada, a subida de cada degrau (nível) representa a fase (desenvolvimento, transformação), enquanto os níveis horizontais entre dois degraus (fases) consecutivos são os subperíodos de crescimento (BERGAMASCHI, 2004).

A definição de estádio compreende subdivisões dentro de um período ou, mesmo, a caracterização de uma fase do ciclo do indivíduo, mas não necessariamente de transformação, como é a definição de fase. Portanto, os estádios podem coincidir com fases, tais como o início de florescimento (fase ou estádio) ou, simplesmente, o número de folhas de um subperíodo de crescimento vegetativo (estádio). Os estádios

12

surgiram da necessidade de detalhar melhor uma ou mais fases de desenvolvimento de um organismo, especialmente aquelas fases vegetativas de intervalo muito longo. Por exemplo, da emergência das plântulas ao início do florescimento, o período pode ser subdividido por meio de sucessivos estádios vegetativos para a elaboração da escala fenológica (BERGAMASCHI, 2004). Nesse caso, para mamoneira, conforme Milani, Miguel Júnior e Sousa, (2009), uma característica importante para descrer os estádios vegetativos iniciais é a filotaxia alternada do tipo 2/5 (duas voltas de 360° ligando a inserção das folhas resultam em cinco folhas). Assim, torna-se possível utilizar a fenologia para finalidades específicas, como adubações de cobertura, tratamentos fitossanitários, manejo da irrigação, observação de estresse hídrico e/ou adequação da época de plantio, entre outros (BERGAMASCHI, 2004; PEIXOTO; CRUZ; PEIXOTO, 2011; BELTRÃO et al., 2001; BELTRÃO, 2002; LIMA FILHO; VALOIS; LUCAS, 2004).

O estabelecimento detalhado da escala fenológica e/ou dos critérios práticos de determinação das diferentes fases de desenvolvimento de uma cultura específica é um instrumento relevante em inúmeras aplicações e tratos culturais, informação que permite o aumento do potencial produtivo e a melhoria do nível tecnológico de produção da cultura. Os estudos, o estabelecimento e a aplicação de escalas de desenvolvimento fenológico das culturas de maior importância econômica já são uma realidade, assim como vêm sendo aperfeiçoados, acompanhando a evolução do nível tecnológico e o melhoramento genético das cultivares, particularmente nas culturas como milho, feijão, arroz, soja e café entre outras (DOOREMBOS; KASSAN, 1979).

Os boletins FAO 24, 33 e 56 (DOORENBOS; PRUITT, 1977; DOOREMBOS; KASSAN, 1979; ALLEN et al., 1998) descrevem as principais fases de crescimento e desenvolvimento do ciclo para várias culturas e os intervalos de tempo ou períodos de duração dessas fases são tabelados para vários locais e/ou condições de clima diferentes, conforme Allen et al. (1998) e Doorembos e Kassan (1979). Segundo

13

Allen et al. (1998), os intervalos de tempo entre os estádios fenológicos variam com o genótipo e as condições climáticas do local, podendo as altas temperaturas e/ou o déficit de umidade do solo acelerar o amadurecimento, a senescência, encurtar a duração dos estádios ou, mesmo, causar dormência, como no caso da grama. Esses autores afirmam que os valores tabelados são dados médios, úteis somente como guia geral e para o propósito de comparação e recomendam a utilização de dados fenólogicos da cultura específica obtidos de observações ou pesquisas locais, incorporados os efeitos da variedade, clima e práticas culturais.

Segundo Allen et al. (1998), essas informações fenológicas podem ser obtidas fazendo-se levantamentos locais, junto a produtores, agentes de extensão rural e pesquisadores da região, recomendando que, para aquilatá-las, diretrizes e descrições visuais podem ser muito úteis. Recomendam, ainda, que estádios, período de duração, ciclo da cultura e cobertura efetiva do solo podem ser estimados para o local e a cultura específica, por meio de equações de regressão com base no tempo térmico (em graus-dias acumulados), ou mediante modelos de simulação de crescimento de planta mais sofisticados (Aquacrop-FAO, por exemplo) (STEDUTO et al., 2009).

O desenvolvimento da mamoneira, segundo Beltrao (2002) e Silva, Aires e Casagrande Jr. (2008), citando Moshkin (1986), envolve 12 diferentes estádios, considerando desde a germinação à completa maturidade de cada cacho, com duração de cada estádio depende da cultivar e do ambiente, em especial da temperatura e da precipitação pluvial, pois a falta de água pode comprometer o rendimento, principalmente nas fases de florescimento e frutificação (8º e 9º estádios fenológicos). No entanto, o excesso de umidade é prejudicial em qualquer período do ciclo da mamoneira, sendo crítico nos estágios de plântula, maturação e colheita (AZEVEDO; LIMA; BATISTA, 1997).

A época de plantio está relacionada com a distribuição e a quantidade de precipitação. Em regiões de alta pluviosidade, a época de plantio deve ser ajustada de

14

forma que não ocorram grandes volumes de precipitação nas fases de amadurecimento e secagem dos frutos (TÁVORA, 1982). Os estádios de enchimento das sementes de cada ordem de racemo ocorrem sob diferentes condições ambientais, o que provoca variações na contribuição de cada ordem de racemos na produtividade total (FANAN et al., 2009).

Severino et al. (2007) e Fanan et al. (2009) concluíram que a mamoneira é naturalmente desuniforme quanto à maturação dos frutos, o que aumenta sua capacidade adaptativa, contudo, torna sua colheita um pouco mais difícil. Severino et al. (2007) descreveram as fases do desenvolvimento da planta, principalmente nos aspectos ligados aos frutos e às sementes, para que os agricultores e os técnicos possam compreender as fases de maturação e, com isso, decidir pelo melhor momento de realizar a colheita. Eles recomendam que ela seja feita quando o cacho estiver com todos os frutos secos, tolerando-se 1/3 dos frutos ainda verdes, desde que isso implique na redução de custos.

2.3 Análise quantitativa do crescimento e produtividade

A interação entre cultura (genótipo), fatores edafoclimáticos (ambiente) e competidores (pragas e doenças) condiciona a produção agrícola em determinada local (região). Assim, pode-se afirmar que a produção vegetal está diretamente relacionada com a conversão da energia solar em energia química, matéria seca e vapor de água, nos processos de fotossíntese e evapotranspiração, ao longo do ciclo da planta (ALLEN et al., 1998; LEME; MANIERO; GUIDOLIN, 1984), sendo as folhas o principal órgão responsável por esta produção (LUCCHESI, 1984; BENICASA, 1988; BERGAMASCHI, 2004; PEIXOTO; CRUZ; PEIXOTO, 2011; BELTRÃO, 2002).

Nesse sentido, a análise quantitativa do crescimento e do desenvolvimento vegetal mediante a avaliação de parâmetros relativos ao incremento de matéria seca e área foliar permite uma visão mais abrangente do comportamento da planta, além daquela relativa à produção (LUCCHESI, 1984; BENICASA, 1988; 2004; PEIXOTO; CRUZ; PEIXOTO, 2011; BELTRÃO, 2002). A curva de crescimento é descrita em termos de produtividade biológica, que é o aumento médio de peso da matéria seca total da planta inteira ou biomassa vegetal. Em alguns casos, a produtividade biológica é estimada apenas com base na matéria seca da parte aérea da planta, visto que, em certas situações, a determinação do sistema radicular é muito difícil de aquilatar-se.

A produtividade biológica, biomassa vegetal, produtividade líquida ou, ainda, denominada de fotossíntese líquida corresponde à diferença entre a produtividade bruta (fotossíntese total) e a matéria seca degradada pelo processo de respiração. Convém ainda distinguir produtividade biológica de produtividade econômica e produtividade de produção. A produtividade econômica ou agrícola corresponde à parte econômica de interesse da biomassa da planta, tais como a armazenada em órgãos como sementes, frutos, caule, folhas, flores e tubérculos, entre outras.

A produção, segundo Lucchesi (1984), é o valor absoluto daquilo que foi produzido no módulo ou unidade produtora em um ciclo e produtividade seria essa produção em relação a algum fator produtivo, sendo mais comum produção por área e/ou por tempo. Este e outros autores (ALLEN et al., 1998; BELTRÃO, 2002; PROCÓPIO et al., 2003; LIMA FILHO et al., 2004; BELTRÃO; OLIVEIRA; FIDELES FILHO, 2008; PEIXOTO; CRUZ; PEIXOTO, 2011) descrevem importantes índices de análise quantitativa do crescimento, dentre eles índice de área foliar (IAF), fração de cobertura do solo (fc), taxa de emissão e expansão foliar, duração de área foliar (DAF), razão de área foliar (RAF), área foliar específica (AFE), índice de colheita (IC), força de dreno (FD) e taxa de assimilação líquida (TAL), entre outros.

Determinando-se a superfície do limbo foliar e a variação da massa seca das folhas durante os estádios da cultura é possível calcular a área foliar específica (AFE), com a qual se pode avaliar a eficiência das folhas no processo de fotossíntese, deduzindo-se sua contribuição para o crescimento da planta, pois fornece informações a respeito do desenvolvimento foliar e do direcionamento de fotoassimilados (MAGALHÃES, 1986).

2.4 Cobertura do solo e índice de área foliar

Os parâmetros básicos de análise quantitativa do crescimento e desenvolvimento das plantas estão direta ou indiretamente relacionados à matéria seca total (MST) e à área total de folhas da planta (AFT) ou da relação entre ambas. Com relação às folhas das plantas, uma importante medida quantitativa relacionada é denominada índice de área foliar (IAF), ou *leaf area index* (LAI) (BERGAMASCHI, 2004; BENICASA, 1988; PEIXOTO; CRUZ; PEIXOTO, 2011; LUCCHESI, 1984; BELTRÃO, 2002; PEREIRA; VILLA NOVA; SEDIYAMA, 1997; ALLEN et al., 1998; SENTELHAS, 2001).

O IAF de uma comunidade vegetal ou população de plantas é a razão adimensional que envolve áreas de superfícies de duas componentes, uma biológica e outra biofísica, sendo esta correspondente à área de superfície disponível ao crescimento e ao desenvolvimento da vegetação e aquela, à área de superfície fotossintetizante. O IAF expressa a capacidade e/ou a velocidade com que a superfície foliar fotossintetizante de uma população de plantas ocupa a superfície disponível durante os seus estádios de crescimento e desenvolvimento (WATSON, 1947; WATSON, 1952; BENICASA, 1988; LUCCHESI, 1984; BERGAMASHI, 2004; PEIXOTO; CRUZ; PEIXOTO, 2011; BELTRÃO, 2002).

A primeira definição do IAF foi introduzida por Watson (1947) como sendo a relação entre a área foliar da plantas de uma comunidade vegetal (A) e a área disponível ocupada por essa vegetação (Ad), ou seja, IAF = A/Ad. Essa definição de IAF corrente na literatura não é clara e, muitas vezes, ambígua, particularmente com relação ao termo biofísico ou área da superfície disponível (Ad) que, em muitas publicações, ora é definido como a área de projeção (sombra com sol a pino) das copas das plantas (Ap = Ad), ora como a área total de superfície disponível para as plantas (At = Ad), no que resultam IAF = A/Ap e IAF = A/At. Em todo caso, um IAF igual a 5 significa 5 m^2 de área foliar ocupando 1 m^2 de solo ou área, no caso de vegetação aquática (LUCCHESI, 1984).

No entanto, o IAF é um índice extremamente dinâmico e, da forma como foi proposto por Watson (1947), sua quantificação se torna bastante complexa, como aborda Benicasa (1988), visto que tanto a área foliar total quanto a sua projeção que ocupa determinada superfície disponível variam quase que instantaneamente ao longo do ciclo da planta. A definição do IAF de Watson (1947), ainda que imprecisa, permite alguns pressupostos, sendo para a componente biológica: a) a área total de folhas da comunidade vegetal (A) deve corresponder somente à superfície fotossinteticamente ativa de uma das faces do órgão foliar, visto que, geralmente, apenas a face voltada para acima possui essa capacidade; b) a superfície fotossinteticamente ativa não corresponde somente às folhas superiores expostas à radiação solar direta, mas também às folhas do interior do dossel ou das copas expostas à radiação difusa; c) a superfície fotossinteticamente ativa não corresponde apenas ao órgão foliar, mas também a qualquer outro órgão da planta, tais como caules, pseudocaules, pecíolos, brácteas, flores e frutos verdes com essa capacidade; d) a área total de folhas (A) corresponde a uma comunidade ou população de plantas e a uma planta ou mais plantas isoladas, se estas representarem a população e e) na determinação da área total de folhas de uma grande população vegetativa (A), homogênea ou não, é razoável estimá-la por amostragens de parcelas e/ou de plantas isoladas representativas por meio da média obtida.

18

Já para a componente biofísica ou a área disponível ocupada pela vegetação (Ad), alguns pressupostos da definição de Watson (1947) são: a) a área disponível (Ad) do IAF de Watson (1947) não deixa claro se Ad é a área de projeção das copas das plantas (Ap) ou se é a área total disponível (At), pois não considera e/ou especifica os espaços entre as plantas sob exposição direta da radiação solar e/ou descobertos, o que ocorre frequentemente nos casos de populações de plantas esparsas e/ou em desenvolvimento inicial; b) a área de projeção (Ap) é aproximadamente igual à área total ocupada (At) em populações de plantas densa sem espaços descobertos, o que ocorre, geralmente, em vegetação com desenvolvimento máximo (clímax); c) a área total ocupada (At) pela vegetação pode ser uma superfície de solo ou de água, para os casos de plantas aquáticas; d) populações de planta distintas que ocupam a mesma área de projeção (Ap) e/ou área total disponível (At) terão diferentes IAF pela diferença exclusiva de área da superfície fotossinteticamente ativa (A) entre elas, principalmente em razão da diferença de densidade e distribuição vertical das folhas ao logo do dossel vegetativo, diferença de arquitetura de copas das plantas e/ou altura do dossel; e) populações de planta com áreas de projeção (Ap) distintas e inferior à área total disponível (At) poderão ter IAFs aproximadamente idênticos, se as menores áreas de projeção (Ap) de cada índice (IAF) forem compensadas pelas maiores áreas de superfície foliar (A) e as de maiores (Ap) tiverem as menores áreas foliar (A), proporcionalmente.

A área de projeção Ap é frequentemente considerada nos métodos indiretos de estimativa do IAF, nas áreas de ciências florestais e biológicas cujos estudos, geralmente, são realizados em vegetação densa com desenvolvimento máximo (clímax) e/ou sem espaços descobertos e, portanto, Ap é igual a At. Já a definição de IAF com base na At parece ser a mais generalizada, por ser o limite máximo de expansão da superfície foliar da vegetação (Ap≤At) e, frequentemente, é considerada nas ciências agronômicas, cujos estudos, geralmente, são realizados com culturas com estádios de desenvolvimento e espaçamentos entre plantas, cuja cobertura pode ser completa ou não. Marcon (2009), avaliando vários modelos de ajuste da regressão de IAF estimado pelo LAI-2000 em relação às medidas de área total de folhas (A) do cafeeiro jovens de dois anos de idade e espaçamento de 2,6 x 0,6m, não encontrou, em nenhum dos modelos testados, ajustes significativos. Segundo este mesmo autor, tais resultados podem ter ocorrido em virtude das dimensões da copa (Ap), altura e largura, considerando-se que duas plantas de mesma área foliar (A) não têm, necessariamente, o mesmo valor de IAF, e o contrário também é verdadeiro.

O IAF representa a capacidade produtiva das plantas resultante das inter-relações ativas solo-água-planta-atmosfera do ecossistema e suas características biofísicas e estruturais. Assim, o IAF varia com o tipo de planta ou a variedade, os estádios do ciclo de desenvolvimento das plantas, o espaçamento entre plantas, a fertilidade e/ou a adubação do solo, as doenças e pragas, as práticas de manejo da cultura, as épocas ou as estações do ano, os períodos de estiagem e o grau de disponibilidade de água no solo. A influência deste índice é destacada na capacidade de interceptação da radiação solar e da chuva (precipitação pluvial), fotossíntese e evapotranspiração, resultando, em última análise, na expressão da capacidade de produtividade biológica e/ou econômica. Devido a essa profunda relação com os processos relacionados ao crescimento e ao desenvolvimento das plantas, o IAF é utilizado em um grande número de modelos ecofisiológicos que simulam os ciclos de carbono e da água e a produtividade (BRÉDA, 2003; RODRÍGUEZ et al., 2009).

Em diversos trabalhos o IAF foi utilizado no intuito de estudar a ecofisiologia, a análise de crescimento e de desenvolvimento, a produtividade e a evapotranspiração, entre outros. Estes estudos têm abordado duas classes de metodologia de determinação do IAF, os métodos diretos ou os indiretos. Os métodos diretos são considerados padrão por terem maior exatidão, entretanto, são mais trabalhosos e demandam a coleta de amostras de folhas de forma destrutiva por meio

20

da remoção das folhas de uma parcela ou planta de amostragem. Os métodos indiretos envolvem equações alométricas relacionadas às características da planta (altura, diâmetro de copa, dimensões da folha, etc.), de mais fácil e rápida mensuração e o uso de imagens digitais e a avaliação do comportamento da radiação no dossel, sendo amplamente utilizados em razão da precisão, da rapidez na mensuração e/ou no custo, especialmente em florestas, devido à dificuldade de acesso às copas (BRÉDA, 2003).

Os métodos indiretos não fazem o contato direto com o objeto de análise e inferem sobre o IAF a partir de medições da radiação transmitida abaixo do dossel, fazendo uso da lei de Lambert-Beer (métodos ópticos), de imagens digitais (métodos fotogramétricos), de modelos e de equações alométricas, entre outros. Os métodos ópticos são os mais difundidos e incluem todos os elementos do dossel que interceptam a luz, como galhos, ramos e troncos. É comum, em vez de IAF, utilizar o termo índice de área de vegetação (IAV), quando nenhuma correção foi realizada. Um dos instrumentos mais utilizados na estimativa de IAV (ou IAF sem correção) é o LAI-2000, que é portátil e utiliza um sensor de luz "olho de peixe" (fisheye), para medir, simultaneamente, a atenuação da radiação difusa em cinco distintas bandas angulares (BRÉDA, 2003).

Galvani et al. (2000) avaliaram períodos de semeadura, IAF e produtividade do pepino e concluíram que, a partir de valores de IAF, podem-se estimar o melhor período de semeadura e a máxima produtividade cultura de pepino, auxiliando a tomada decisão dos produtores. A interceptação da luz pela superfície foliar é influenciada pelo seu tamanho, forma, ângulo de inserção e orientação azimutal, separação vertical e arranjo horizontal, e pela absorção por estruturas não foliares. O aumento no IAF aumenta a produção de matéria seca, mas aumenta também o autossombreamento. As folhas inferiores são mais sombreadas e, consequentemente, a taxa fotossintética média por unidade de área foliar decresce. Sabe-se que a forma cônica da planta induz um maior potencial produtivo que a globosa, pois reduz o autossombreamento. O ângulo foliar é um parâmetro importante para a fotossíntese máxima e a produção; folhas eretas são mais eficientes quando o IAF é grande. Plantas cultivadas têm suas folhas dispostas mais obliquamente, enquanto as espécies selvagens dessas mesmas plantas as possuem mais na horizontal. O arroz é um caso típico de planta de alto potencial produtivo, pois tem folhas bem eretas. Trabalhos de melhoramento nesse sentido contribuirão sensivelmente para uma maior produtividade das plantas cultivadas e plantas assim melhoradas requerem pequeno espaçamento, aumentam a atividade fotossintética e desenvolvem maiores produtividades. Estudos mostram que existem IAFs ideais para determinadas culturas, sendo o IAF ótimo de 3,2, para soja; de 5, para o milho; de 6 a 8,8, para trigo e de 4 a 7, para arroz. Existem casos de adubações nitrogenadas e/ou disponibilidades de água no solo que induzem a altos IAF, mas, em conseqüência, à baixa produtividade econômica (LUCCHESI, 1984; PEIXOTO et al., 2010).

Peixoto et al. (2010), estudando os índices fisiológicos de cinco cultivares da mamoneira, entre eles o IAF, observaram valores desse índice variando entre 1,1 a 2,1 e destacaram que altos valores de IAF nem sempre estão correlacionados positivamente com a produtividade final das espécies cultivadas. No entanto, baixos valores podem comprometer o potencial produtivo das culturas. Para tanto, é necessário atentar para um IAF ótimo, que coincide com o máximo acúmulo de matéria seca e a maior taxa de crescimento da cultura.

Os índices fisiológicos da análise de crescimento indicam a capacidade do sistema assimilatório (fonte) das plantas em sintetizar e alocar a matéria orgânica nos diversos órgãos (drenos) que dependem da fotossíntese, da respiração e da translocação de fotoassimilados dos sítios de fixação aos locais de utilização ou de armazenamento. Esse desempenho é influenciado pelos fatores bióticos e abióticos (LESSA, 2007) e o índice força de dreno (FD), segundo Lima Filho, Valois e Lucas

22

(2004), é um dos índices mais significativos para determinar a direção de translocação de fotoassimilados na planta e medir a capacidade de um dreno acumular metabólitos. Lima Filho, Valois e Lucas (2004), estudando a planta de estévia, observou que a partição preferencial de fotoassimilados seguiu a seguinte ordem temporal durante o ciclo: folhas, ramos, flores e frutos, raízes, sendo destino preferencial até o transplante (DAT), folhas e ramos; entre 0 e 30 DAT, ramos, folhas e raízes; entre 30 e 60 DAT, flores e frutos, ramos, raízes, folhas e entre 60 e 90 DAT, raízes, ramos, folhas, flores e frutos. No entanto, a translocação dos fotoassimilados da "fonte" para sintetizar e alocar a matéria orgânica nos diversos órgãos (drenos), ou seja, o mecanismo que direciona ou regula a partição para os drenos metabólicos, é desconhecida para diversas culturas de interesse econômico (LIMA FILHO; VALOIS; LUCAS, 2004).

Pereira, Villa Nova e Sediyama (1997) e Albuquerque, Klar e Gomide (1997), citando Oliveira et al. (1993), relacionaram ETc diretamente com IAF e Kc com IAF e verificaram que ETc e Kc foram bem descritos pelo IAF mediante uma função linear de segundo grau. Entretanto, ressaltam que a estimativa ETc (ou Kc) apenas como função de IAF é limitada e necessita da inclusão de mais um parâmetro que retrate a demanda hídrica atmosférica, especialmente em condições de clima úmido, em que essa demanda é mais variável ao longo do ciclo de desenvolvimento da cultura. Albuquerque, Klar e Gomide (1997) avaliaram a concordância da ETc do feijoeiro obtida pelo método de Penman-Monteith com o IAF e a demanda atmosférica (ECA) mediante regressão de modelo linear múltiplo e comprovaram melhor desempenho do modelo que prever a ETc em função de IAF e de ECA, do que apenas de IAF.

2.5 Evapotranspiração e coeficiente de cultura

A evapotranspiração de qualquer cultura é uma das principais informações necessárias para o manejo racional da irrigação e para fins de planejamento do uso da água. Originalmente, o termo evapotranspiração, como se conhece hoje, foi introduzido por Thornthwaite, em 1948, e teve grande importância e impacto nas áreas de agricultura, climatologia e hidrologia (SEDIYAMA, 1996; PEREIRA; VILLA NOVA; SEDIYAMA, 1997).

Para a identificação da evapotranspiração da cultura (ETc), normalmente, é realizado o processo em duas etapas, ou seja, previamente estima-se a evapotranspiração de referência (ETo) e, em seguida, deve-se ajustá-la por um coeficiente, denominado coeficiente de cultura (Kc). Esse último, determinado experimentalmente, é a relação entre a ETc e ETo. Para a estimativa da ETo existem diversos modelos matemáticos, sendo o método de Penman-Monteith-FAO o mais recomendado, desde que se tenha disponibilidade de elementos meteorológicos para entrada no modelo (ALLEN et al., 1998).

No caso da ETc, esta pode ser obtida por métodos, dito de medições diretas, os quais também podem medir a ETo, desde que a cultura seja a de referência, sendo a grama batatais a cultura considerada. Estes métodos consistem em lisímetros, balanço hídrico no solo e o sistema pelo balanço de energia segundo a razão de Bowen (PEREIRA; VILLA NOVA; SEDIYAMA, 1997; MENDONÇA et al., 2003; BERNARDO; SOARES; MANTOVANI, 2005). Contudo, esses métodos são, geralmente, utilizados em projetos de pesquisa, devido à operacionalidade e ao elevado custo dos equipamentos.

A ETc é a quantidade de água consumida por uma cultura em qualquer fase de seu desenvolvimento, sob condições e cuidados agronômicos recomendados para a sua produção potencial e sem restrição hídrica no solo. O conhecimento da ETc é fundamental em projetos de irrigação, pois ela representa a quantidade de água que deve ser reposta ao solo para manter o crescimento e a produção em condições ideais.

O coeficiente Kc está relacionado aos fatores ambientais e fisiológicos das plantas, devendo, preferencialmente, ser determinado para as condições locais nas quais será utilizado. Todavia, sua determinação sob condições de campo exige um grande esforço de pessoal e técnico, equipamentos e custos, em virtude da quantidade de informações, controles e monitoramentos necessários ao balanço hídrico em uma área irrigada (MEDEIROS; ARRUDA; SAKAI, 2004).

As metodologias e os procedimentos de cálculo para determinação do Kc têm sido apresentados e recomendados pela FAO (DOORENBOS; PRUITT, 1977; DOORENBOS; KASSAM, 1994; ALLEN et al., 1998; DOORENBOS; KASSAN, 1979; SOARES et al., 2001). Essas metodologias, basicamente, se referem à obtenção de Kc único ou, ainda, baseando-se na partição da evapotranspiração da cultura (ETc), nos componentes de evaporação do solo e transpiração da cultura, obtidos sob condições padrão (potencial). Porém, nesta última, são exigidos mais detalhamentos das variáveis envolvidas. A escolha entre o Kc único ou duplo depende do nível de precisão exigido, da frequência das irrigações e de recursos computacionais disponíveis. Andrade Júnior et al. (2008) determinaram, no município de Alvorada do Gurgueia, PI, com a ETc determinada por meio do balanço de água no solo, os Kc médios entre 0,15 a 0,75, respectivamente aos 12 e 150 dias após o plantio da cultivar BRS-Nordestina e o Kc máximo da mamoneira em consórcio com feijão na formação e no enchimento de vagens de 1,2. Já Curi e Campelo Júnior (2004) avaliaram os Kc ao longo de várias fases de desenvolvimento da mamona, híbrido Íris, nas condições da Baixada Cuiabana (Santo Antônio do Leverger, MT), e determinaram ETc média do ciclo de 4,0 mm d^{-1} e consumo médio acumulado de água de 439,67 mm, com Kc variando entre 0,15 e 1,37.

25

3 MATERIAL E MÉTODOS

Esse tópico é abordado em subdivisões conforme os itens abaixo.

3.1 Características da área experimental e cultivar IAC 2028

O experimento com o cultivo de mamona, cultivar IAC 2028, foi conduzido na área de pesquisa do Laboratório de Biodiesel, no campus da Universidade Federal de Lavras (UFLA), em Lavras, MG, no período entre 15/3/2011 a 20/10/2011, ou entre 0 e 220 dias após a semeadura(DAS), Figura 1.

Figura 1 Área de cultivo da mamoneira irrigada por aspersão na etapa de estabelecimento aos 38 dias após a semeadura (DAS), 21/abril, e na diferenciação dos tratamentos irrigados por gotejamento aos 121 DAS. Lavras, MG, 2011.

O município de Lavras situa-se no sul do estado de Minas Gerais, nas seguintes coordenadas geográficas: latitude 21°14'S e longitude 45°00'W, à altitude 918,841 m. A área experimental foi de, aproximadamente, 0,17 ha, com topografia uniforme e declividade média inferior a 12% no sentido norte/sul, perpendicular às linhas de plantio (nordeste/sudoeste).

3.1.1 Clima e base de dados meteorológicos

Segundo a classificação climática proposta por Köppen, baseado nas Normais Climatológicas (1961 a 1990), o clima de Lavras é classificado como Cwa, ou seja, clima temperado chuvoso, com inverno seco e chuvas predominantes no verão subtropical (BRASIL, 1992).

Neste estudo, os dados referentes aos elementos meteorológicos foram mensurados nas proximidades dessa área, na Estação Climatológica Principal (ECP), pertencente à rede de observações meteorológicas de superfície do Instituto Nacional de Meteorologia (INMET), em convênio com a UFLA. Os dados acessados da ECP contribuíram para o cálculo da evapotranspiração de referência (ETo) e a caracterização das condições meteorológicas no período experimental.

3.1.2 Solo e base de dados químicos e físico-hídricos

O tipo de solo predominante na região em que esse experimento foi conduzido é classificado como Latossolo Vermelho Distroférrico (EMPRESA BRASILEIRA DE PESQUISA AGROPECUÁRIA, EMBRAPA, 2006). A implantação do experimento foi iniciada pelo preparo convencional do solo, consistindo, sequencialmente, de aração e gradagem a 0,20 m profundidade e o sulcamento com abertura manual de covas para o plantio de mudas de mamona, previamente formadas.

As análises, química e física (Tabela 1) indicaram um solo de textura argilosa e a não necessidade de correção do pH (RIBEIRO; GUIMARÃES; ALVAREZ, 1999). Para a determinação da curva de retenção de água no solo, segundo modelo de Genuchten (1980), Equação 1, amostras foram coletadas nas camadas de 0 a 0,20 m, 0,20 a 0,40 m e de 0,40 a 0,60 m, determinando-se, em laboratório, oito pares de pontos coordenados de tensão e umidade do solo. Empregando-se o modelo computacional SWRC, desenvolvido por Dourado Neto et al. (1995), determinaram-se os parâmetros das curvas em cada camada (Tabela 2).

$$\theta = \theta r + \frac{\theta s - \theta r}{[1 + (\alpha \cdot |\psi_m|)^n]^m} \tag{1}$$

em que

θ - umidade do solo atual (cm^3 cm^{-3});

θr - umidade residual do solo (cm^3 cm^{-3});

θs - umidade de saturação do solo (cm^3 cm^{-3});

Ψm - tensão matricial da água no solo (kPa);

α, n, m - parâmetros de ajuste do modelo.

Nas três camadas também foram determinadas, por meio de amostras indeformadas coletadas em três pontos distintos da área experimental, a condutividade hidráulica do solo saturado (Ko) e a densidade do solo (ds). A porosidade do solo (P) foi obtida analiticamente pela relação entre ds e a densidade de partícula (dp), assim como a umidade do solo na capacidade de campo (θcc), determinada pelo ponto de inflexão da curva segundo o método de Mello et al. (2002) (Tabela 2). Para fins de irrigação, a umidade do solo na capacidade de campo (θcc) foi considerada para a tensão matricial (Ψm) de 6 kPa (CARVALHO; SAMPAIO; SILVA, 1996; MELLO et al., 2002).

TABELA 1 Análises químicas e físicas de três amostras compostas de solo da área experimental, coletadas nas camadas 0 a 0,20 m, 0,20 a 0,40 m e 0,40 a 0,60 m. Lavras, MG, 2011*

Símbolo	Descrição	Unidade	0 a 0,20 m	0,20 a 0,40 m	0,40 a 0,60 m
pH	Em água, KCl e CaCl$_2$	-	6,3	5,8	5,5
P	Fósforo (Extr. Mehlich 1)	mg/dm³	16,8	2,9	3,1
K	Potássio (Extr. Mehlich 1)	mg/dm³	129	83	53
Ca^{2+}	Cálcio (Extr.: KCl)	cmol$_c$/dm³	3,5	2,2	1,7
Mg^{2+}	Magnésio (Extr.: KCl)	cmol$_c$/dm³	0,8	0,6	0,5
Al^{3+}	Alumínio (Extr.: KCl)	cmol$_c$/dm³	0,2	0,3	0,6
H+Al	Ac. potencial (Extr.: SMP)	cmol$_c$/dm³	2,9	3,2	4,0
SB	Soma de bases	cmol$_c$/dm³	4,6	3,0	2,3
t	CTC efetiva	cmol$_c$/dm³	4,8	3,3	2,9
T	CTC a pH=7,0	cmol$_c$/dm³	7,5	6,2	6,4
V	Índ. de sat. de bases	%	61,5	48,2	36,6
m	Índ. de sat. de alumínio	%	4,1	9,1	20,4
Zn	Zinco (Extr. Mehlich 1)	mg/dm³	7,6	6,0	4,1
Fe	Ferro (Extr. Mehlich 1)	mg/dm³	47,1	44,5	38,8
Mn	Manganês (Extr. Mehlich 1)	mg/dm³	13,8	8,6	4,2
Cu	Cobre (Extr. Mehlich 1)	mg/dm³	0,7	0,7	0,7
B	Boro (Extr.: água quente)	mg/dm³	0,3	0,2	0,1
S	Enxofre (Ext.: PO$_4$Ca, ác.acético)	mg/dm³	47,3	59,4	56,0
Mo	Mat. Orgânica	dag/kg	2,5	1,9	1,6
CE	Cond. elétrica	ms/cm	0,065	0,064	0,067
dp	Densidade partícula	kg/dm³	2,44	2,63	2,63
P-rem	Fósforo remanescente	mg/L	34,1	19,2	19,2
Areia	Areia	dag/kg	38,0	35,0	31,0
Silte	Silte	dag/kg	8,0	7,0	8,0
Argila	Argila	dag/kg	54,0	58,0	61,0
Textura	Classificação textural	-	Argilosa	Argilosa	Argilosa

*Análises realizadas no Laboratório do Departamento de Ciência do Solo da UFLA.

TABELA 2 Características físico-hídricas do solo e parâmetros de ajuste do modelo de Van Genuchten (1980), para três camadas. Lavras, MG, 2011

camada	Características físicos do solo*						Parâmetros do modelo de VG					
	Ko	ds	dp	P	θcc	Ψcc	θs	θr	α	n	m	R^2
cm	mmh^{-1}	gcm^{-3}	gcm^{-3}	cm³cm^{-3}	cm³cm^{-3}	kPa	cm³cm^{-3}	cm³cm^{-3}	kPa^{-1}	adm	adm	%
0-20	76,14	1,16	2,44	0,524	0,408	6,0	0,667	0,184	0,5504	1,6856	0,4067	99,2
20-40	34,18	1,34	2,63	0,489	0,402	7,0	0,650	0,187	0,5152	1,6436	0,3916	98,6
40-60	20,89	1,3	2,63	0,507	0,411	7,0	0,664	0,192	0,5953	1,6035	0,3764	98,8
Média	43,73	1,27	2,57	0,506	0,407	6,7	0,66	0,187	0,5524	1,642	0,3910	98,9

* Análises de Ko a 23 °C e dp realizadas no Laboratório do Departamento de Ciência do Solo da UFLA. Ko, condutividade hidráulica do solo saturado; ds, densidade do solo; dp, densidade de partícula; P, porosidade do solo; θcc e Ψcc, umidade e tensão matricial do solo na capacidade de campo, obtidos segundo Mello et al. (2002); θs, umidade de saturação; θr, umidade residual a 15atm; α, n e m parametros de ajuste do modelo e R^2 coeficiente de determinação da regressão.

3.1.3 Características culturais da cultivar IAC 2028

A variedade cultivada foi a IAC 2028 que, segundo Savy Filho et al. (2007), tem as seguintes características: **a) gerais**: adapta-se às condições edafoclimáticas do estado de São Paulo, moderada suscetibilidade a doenças, tem porte baixo (150-180 cm) e ciclo precoce que varia de 150 a 180 dias após a emergência (DAE), frutos indeiscentes, com peso médio de 100 sementes de 45 g, teor de óleo em torno de 47%, produtividade média de grãos de 2.000 kg ha^{-1} e exigências hídricas da cultura em torno de 700 mm; **b) práticas de manejo**: preferencialmente semeada nos meses de outubro e novembro, com atraso leva à queda gradativa do rendimento e na safrinha (fevereiro e março); a redução pode chegar a 50% dos valores médios de produtividade. O sistema de produção pode ser com o cultivo solteiro ou consorciado (feijão, gergelim, cucurbitáceas, milho), indicados arranjos populacionais de 5.000 a 10.000 plantas ha^{-1} (cultivo de safra) ou de 11.000 a 20.000 plantas ha^{-1} (cultivo na safrinha), na dependência da disponibilidade hídrica, sistema de colheita e nível tecnológico a ser adotado; **b) raiz**: tem sistema radicular pivotante, profundo, raiz principal atingindo até 150 cm de profundidade e diâmetro de 5 cm. O número de raízes secundárias atinge até quinze e se concentra na faixa de 30 cm. As raízes laterais (diâmetro entre 0,7 e 1,4 cm) atingem até 100 cm de crescimento horizontal. A fitomassa do sistema radicular atinge 450 g; **c) caule**: tipo colmo, com comprimento até a primeira inflorescência em torno de 60 cm do solo; **d) folhas**: as primeiras folhas definitivas ocorrem aos 10 DAE; são do tipo afunilado, com orientação palmada e venação que varia de 8 a 11 veias principais, organização simples, forma de lâmina simétrica, ápice acuminado, base sagitada, margem esparsamente irregular, arquitetura palmatilobada; **e) flores e racemos**: a inflorescência é do tipo racemo, medindo entre 50 e 60 cm no racemo primário e 30 e 40 cm no secundário, e porcentagem de flores femininas de 90%. O racemo primário tem início aos 70 DAE, seguida dos secundários, aos 85 DAE e dos terciários, aos 105 DAE. Cada planta desenvolve um racemo primário, 5 a 7 secundários e de 7 a 9 terciários, com inserção a 60, 75 e 120 cm de altura, respectivamente. Neste trabalho foram consideradas as ordens de racemos primário, secundários, terciários em número máximo de 1, 3 e 6 unidades, respectivamente, e os laterais (ladrões) com número indefinido, conforme Weiss (1983): i) racemo primário: situado na bifurcação entre duas das três primeiras ramificações adjacentes mais vigorosas do caule principal (fuste); ii) racemos secundários: situados logo acima do primário, entre duas ramificações secundárias de cada uma das três ramificações primárias mais vigorosas; iii) racemos terciários: situados logo acima dos secundários, entre duas ramificações terciárias de cada ramo secundário e iv) racemos laterais (ladrões): situados na ramificações laterais oriundas do caule principal, logo abaixo dos três ramos primários mais vigorosos do fuste; f) **frutos**: indeiscentes, tipo cápsula valvar, tricoca unisseminada por loco. Sementes albuminosas, oblongas, lisas e lustrosas, com carúncula.

3.2 Plantio e tratos culturais

O cultivo da mamona IAC 2028 irrigada foi conduzido na área experimental sob preparo convencional do solo no período pré-estabelecido fora da estação chuvosa da região, entre março e outubro de 2011, com espaçamento de 0,75 x 1,20 m, ou população de cerca de 11.111,11 plantas por hectare. A cultura de mamona irrigada foi conduzida em três etapas, com ciclo de produção iniciado com a semeadura de sementes, em 15/3/2011 e encerrado em 20/10/2011, aos 220 dias após a semeadura (DAS), com a maturação de mais de 50% dos frutos de todos os racemos primários, secundários e terciários. Essas etapas consistiram na formação de mudas, no estabelecimento inicial da cultura no campo e na diferenciação dos tratamentos.

O plantio de mudas de mamona no campo foi adotado como opção alternativa para cumprir o cronograma e/ou o calendário planejado para a execução do experimento no ano de 2011. Dessa forma, as mudas produzidas em viveiro foram transplantadas em definitivo para o campo experimental quando atingiram mais de 0,1 m de altura e 0,005 m de diâmetro de caule, aos 38 DAS (21/abril), iniciando-se, assim, a etapa de estabelecimento inicial da cultura no campo.

Em campo, as mudas foram plantadas em covas abertas manualmente em sulcos e, imediatamente ao plantio, segundo recomendações de Ribeiro, Guimarães e Alvarez (1999) e Rodrigues Filho (2000), foi realizada a adubação de plantio com o adubo bórax (fonte boro), na dosagem de 0,00022 kg/planta (0,27 kg ha^{-1} de boro) e 0,025 kg/planta (278 kg ha^{-1}) do adubo formulado NPK 8-28-16, distribuído ao redor da planta e coberto com terra. A adubação de cobertura foi realizada em duas aplicações, sendo a primeira 12 dias após o plantio das mudas, aos 50 DAS (3/maio), aplicando-se 0,0006 kg/planta de bórax (0,73 kg ha^{-1} de boro), 0,015 kg/planta de sulfato de magnésio (155 kg ha^{-1} de MgO) e 0,020 kg/planta (222 kg ha^{-1}) do adubo formulado NPK 20-0-20, distribuídos ao redor da planta; a segunda aplicação ocorreu aos 43 dias depois do plantio aos 81 DAS (3/junho), aplicando-se 0,025 kg/planta (278 kg ha^{-1}) do adubo formulado NPK 20-0-20. O controle de plantas daninhas no campo foi feito manualmente, com enxada e o ataque de pragas e de doenças não foi significativo, ao ponto de exigir o controle químico recomendado e os demais tratos culturais seguiram os recomendados para a cultura, conforme Rodrigues Filho (2000). Na primeira semana da etapa de estabelecimento da cultura, foram aplicados 89 mm de água via irrigação por aspersão convencional, em todas as unidades experimentais, sendo 45 mm aplicados logo após o plantio, mais duas lâminas consecutivas de 22 mm cada. Essa etapa encerrou-se para o cultivo de sequeiro A0 (unidade experimental testemunha) com estiagem das chuvas (E0) aos 100 DAS (22/junho), logo após precipitações acumuladas de 34,2 mm, entre os 85 e 90 DAS.

Já para as demais unidades experimentais foram aplicados 31 mm de água via irrigações complementares por gotejamento e encerrou-se esta etapa com o início da etapa de diferenciação dos tratamentos, aos 104 DAS (26/junho). Nessa última etapa, os tratamentos foram diferenciados pelas lâminas de água aplicadas e pelas épocas de suspensão da irrigação imediatamente após definidos os estádios fenológicos da cultura. Esses estádios Eo, E1, E2, E3, E4 e E5 ocorreram aos 86, 120, 149, 177, 196 e 220 DAS, respectivamente.

3.3 Tratamentos e delineamento estatístico experimental

O experimento foi conduzido sob delineamento em blocos casualizados (DBC), num esquema fatorial de dois fatores (5 x 5) com três repetições. O primeiro fator foi constituído por níveis de reposição de água do solo (A), sendo, respectivamente, composto pela testemunha sem irrigação (A0) e dos cinco níveis do fatorial A1, A2, A3, A4 e A5 correspondentes a 0%, 40%, 70%, 100%, 130% e 160% da lâmina de água de referência (A3 = 100%) necessária para elevar a umidade do solo à capacidade de campo (CC). O segundo fator foi constituído por épocas de suspensão da irrigação (E), sendo, respectivamente, composto pela testemunha (E0) e pelos cinco níveis do fatorial E1, E2, E3, E4 e E5, correspondentes à suspensão da irrigação nos estádios Eo, E1, E2, E3, E4 e E5. Dessa forma, o esquema fatorial constituiu-se da combinação 5 x 5, em 25 tratamentos (A1E1, A1E2,..., A5E4, A5E5) e três testemunhas A0E0, conforme a ilustração da Figura 2.

A etapa de estabelecimento da cultura E0 foi definida de forma a promover o estabelecimento e a uniformização das plantas com base nas chuvas ocorridas no final da estação, irrigações iniciais e no estádio Eo, até o início da etapa seguinte de diferenciação dos tratamentos. Distintamente de E0, o estádio fenológico Eo foi definido com base no índice de área foliar IAF de 0,1, conforme Allen et al. (1998). Esse e os demais consecutivos estádios fenológicos foram definidos no tratamento

33

referência A3E5, quando mais de 50% das plantas úteis apresentaram-se em antese primária (E1) e secundária (E2), e maturação primária (E3), secundária (E4) e terciária (E5) em mais de 50% dos frutos. As interrupções da irrigação mantiveram-se até o final do ciclo (E5), visando atingir (a depender da ocorrência de chuvas) a umidade na camada de 0 a 0,40 m próxima do ponto de murcha permanente (Pmp).

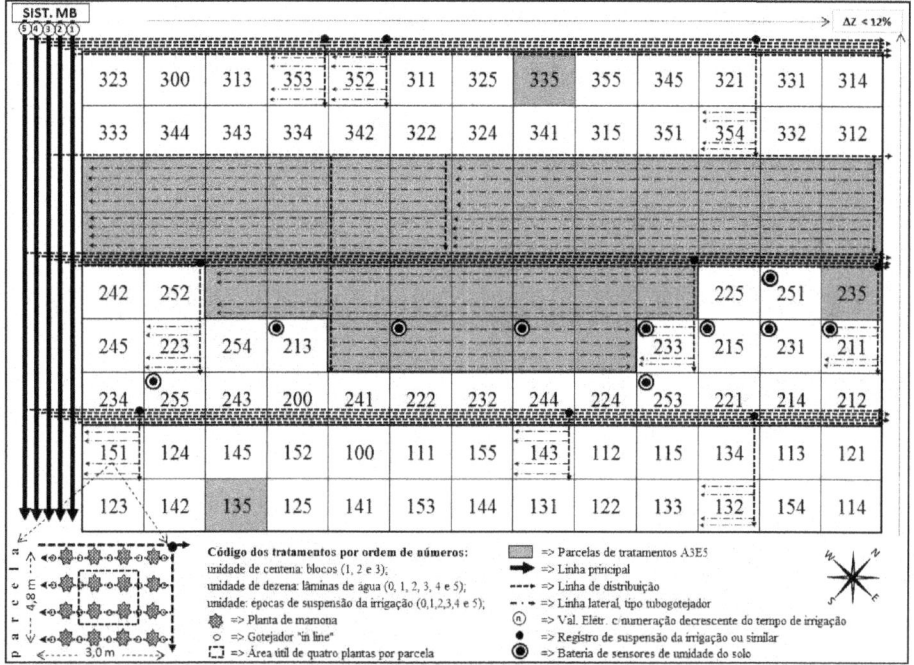

FIGURA 2 Croqui da área experimental, identificadas as parcelas por numeração (bloco/fator-A/fator-E) com detalhes da parcela 151, sistema de irrigação com distribuição demonstrada em algumas parcelas, bateria de sensores de umidade do solo e orientação de plantio. Lavras, MG, 2011.

Cada parcela experimental foi constituída por quatro fileiras de quatro plantas, sendo úteis as quatro plantas centrais, ocupando área de 3,6 m^2, num total de dezesseis plantas por parcela com área de 14,4 m^2 e o somatório de 78 parcelas. Ao centro da área foram reservadas mais 39 parcelas do tratamento referência (A3E5) para amostragem e extração de plantas, para a determinação da matéria seca de planta e da maturação de frutos.

3.4 Sistema de irrigação e manejo

O sistema de irrigação utilizado foi o gotejamento, instalado com os seguintes componentes: unidade de bombeamento, filtro de areia e de discos, manômetro, válvulas elétricas, controlador programável STP-900i (Rain Bird), usado na automação do sistema de irrigação (Figura 3), visando repor a lâmina d'água acusada indiretamente pelos tensiômetros, além de linha principal, de distribuição e lateral, registros e acessórios. As linhas principais foram de PEBD 32 mm de diâmetro e de PEBD de 16 mm, para as linhas de distribuição em cada tratamento de lâminas de água aplicada (fator-A).

FIGURA 3 Registros, válvulas elétricas e filtro de areia (A); painel de programação da irrigação (B); sensores HidroFarm (C); bateria de tensiômetros (D); Watermark (E, à esquerda) e HidroFarm (E); tensiômetro e leitor de tensão (tensímetro) em conjunto (F, à direita). Lavras, MG, 2011.

As linhas laterais foram do tipo tubogotejador autocompensante de PEBD de 13 mm de diâmetro, com gotejadores inclusos espaçados de 0,75 m, operando à vazão de 2,1 L h^{-1} e pressão nominal de 200 kPa. As linhas laterais foram distribuídas na linha de plantio com gotejadores entre duas plantas, formando uma faixa molhada (fw) de 22,0% mantida praticamente constante.

O momento de irrigação foi definido pela tensão matricial da água no solo, medido em quatro tensiômetros instalados a 0,30 m de profundidade no tratamento controle ou referência A3E5. As irrigações foram realizadas toda vez que a tensão matricial média a 0,30 m de profundidade, conforme Silva et al. (1998), atingisse o valor de 26 kPa, correspondente ao fator de esgotamento f de 0,6, conforme Allen et al. (1998) e Doorenbos e Kassan (1979), considerando a umidade na capacidade de campo como sendo de 6 kPa e a profundidade efetiva (z) de 0,4 m segundo Amaral, Silva e Beltrão (2005) e Brasil (2006). Foram instaladas, em dois locais da área experimental de tratamentos A3E5, duas baterias de tensiômetros contendo cada uma dois deles, nas profundidades de 0,30 m, 0,35 m e 0,45 m e um a 0,15 m. Também foram instalados, a 0,30 m de profundidade, tensiômetros e sensores do tipo wartemark e Hidrofarm para o monitoramento da umidade nos tratamentos notáveis (extremos representativos) A1E1, A1E3 e A1E5, A3E1, A3E3 e A3E5 e A5E1, A5E3 e A5E5, conforme Figuras 2 e 3. As leituras em kPa dos tensiômetros foram realizadas diariamente entre 8 e 9 horas da manhã, utilizando-se um leitor digital de punção (tensímetro) e corrigidas para determinação da tensão de água no solo na profundidade desejada, conforme Equação 2.

$$\psi = L - 0,098 \cdot h \tag{2}$$

em que

Ψ - tensão matricial da água no solo à profundidade Z (kPa);
L - leitura no tensímetro digital em kPa (em valor absoluto);
h - altura do ponto de leitura no tensiômetro à cápsula porosa (cm).

A lâmina de irrigação e o tempo de aplicação, de acordo com Cabello (1996), foram calculados com base nas Equações 3, 4, 5 e 6.

$$LLI = (\theta cc - \theta i) \cdot z \cdot fw \tag{3}$$

$$LBI = \frac{LLI}{(1 - k) \cdot CUD} \tag{4}$$

$$k = \begin{cases} Pp = 1 - Ea & se, \, Pp \geq RL \\ RL = \dfrac{CEi}{2 \cdot CEe} & se, \, Pp < RL \end{cases} \tag{5}$$

$$t = \frac{LBI \cdot Ap}{e \cdot q} \tag{6}$$

em que,

LLI - lâmina líquida de irrigação necessária (mm);
θcc - umidade do solo na capacidade de campo (cm^3 cm^{-3});
θi - umidade atual do solo no momento de irrigação (cm^3 cm^{-3});
z - profundidade efetiva do sistema radicular (mm);
fw - fração de área molhada (0 a 1);
LBI - lâmina bruta de irrigação (mm);
k - constante da eficiência do sistema e/ou da salinização do solo (0 a 1);
CUD - coeficiente de distribuição do sistema de irrigação 0,95 (0 a 1);
Pp - porcentagem de perda por percolação profunda (0 a 1);
Ea - eficiência de aplicação de água do sistema de irrigação (0,9);
RL - razão de lixiviação (adm);
CEi - condutividade elétrica da água de irrigação (dSm^{-1});
CEe - condutividade elétrica do extrato de saturação do solo (dSm^{-1});
t - tempo de irrigação (horas);
Ap - área ocupada por planta (m^2);
e - número de emissores (gotejadores) por planta;
q - vazão média dos emissores (gotejadores) (L h^{-1}).

A condutividade elétrica do solo (CEs) na camada de 0 a 0,6 m e a da água de irrigação (CEi) utilizadas neste estudo foram, em média, de 0,065 dS/m e 0,09 dS/m, classificadas dentro da faixa normal de solos (<4 dS/m) e sem nenhuma restrição ao uso dessa água para a irrigação (<0,7 dS/m). Na literatura, faltam essas informações quanto à tolerância da mamoneira em relação à condutividade elétrica do solo (CEs) e da água de irrigação (CEi).

O consumo total de água pela cultura ou a lâmina acumulada (Lac, mm) ao final do ciclo de cultivo de cada tratamento foi contabilizada considerando-se as lâminas brutas de irrigação (LBI, mm) e a precipitação efetiva (Pe, mm), conforme considerações feitas por Sampaio et al. (2000) e Silva e Marouelli (1998) e adaptações do método recomendado pelo Azevêdo et al. (2003), segundo as Equações 7, 8 e 9. Considerou-se, para o cálculo da Pe, a lâmina real disponível (LRD) fixa correspondente à reposição da umidade à capacidade de campo a partir de 26 kPa (f = 0,6) apenas na fase inicial de estabelecimento da cultura no campo até os 103 DAS, quando se observou a maior concentração de chuvas, não ocorrendo diferenciação dos tratamentos e as irrigações complementares realizadas nesta fase. Para a fase de diferenciação dos tratamentos, LRD variou com a umidade do solo do tratamento referência A3E5. Esse procedimento se justificou em razão da condução do experimento em campo, visto que o consumo hídrico da cultura para os diferentes níveis de tratamentos via irrigação também foi atendido, ainda que não efetivamente, pelas precipitações (Pt).

$$LRD = (\theta cc - \theta a) \cdot z \cdot fw \qquad (7)$$

$$Pe_{(i)} = \begin{cases} Pt_{(i)} & se, Pt_{(i)} \leq LRD_{(i)} \\ LRD_{(i)} & se, Pt_{(i)} > LRD_{(i)} \end{cases} \qquad (8)$$

$$Lac = \sum_{i=1}^{n} (LBI + Pe)_i \qquad (9)$$

em que,

LRD - lâmina real disponível de elevação à capacidade de campo, (mm);
θcc - umidade do solo na capacidade de campo (cm^3 cm^{-3});

θa - umidade atual do solo no momento de leitura ($cm^3 cm^{-3}$);

z - profundidade efetiva do sistema radicular (mm);

fw - fração de área molhada (0 a 1);

Pe (i) - precipitação efetiva acumulada do dia i, (mm);

Pt (i) - precipitação total acumulada do dia i, (mm);

Lac - lâmina acumulada no ciclo de cultivo de cada tratamento, (mm);

LBI - lâmina bruta de irrigação (mm).

Após a montagem do sistema, foram realizados testes para determinar a vazão média do gotejador e o coeficiente de uniformidade de distribuição de água (CUD) do sistema de irrigação (BERNARDO et al., 2005). A eficiência de aplicação de água pelo sistema de irrigação (Ea) foi considerada de 90%, conforme Bernardo et al. (2005) e o coeficiente de uniformidade de distribuição (CUD) avaliado em 95%.

3.5 Evapotranspiração

A evapotranspiração da cultura (ETc) foi estimada adotando-se o coeficiente de cultura (Kc) obtido por Rios et al. (2011a) e a evapotranspiração de referência (ETo), seguindo recomendações de Allen et al. (1998), segundo método Penman-Monteith-FAO (Equação 10).

$$ETo = \frac{s}{s + \gamma *} \cdot (Rn - G) \cdot \frac{1}{\lambda} + \frac{\gamma}{s + \gamma *} \cdot \frac{900}{(T + 273)} \cdot U_2 \cdot (es - ea)$$ (10)

em que,

ETo - evapotranspiração de referência ($mm\ d^{-1}$);

s - declividade da curva de pressão de saturação de vapor ($kPa\ ^oC^{-1}$);

γ - coeficiente psicrométrico ($kPa\ ^oC^{-1}$);

γ* - coeficiente psicrométrico modificado ($kPa\ ^oC^{-1}$);

Rn - saldo de radiação ($MJ\ m^{-2}d^{-1}$);

G - fluxo de calor no solo ($G = 0,0\ MJ\ m^{-2}d^{-1}$, na escala diária);

λ - calor latente de evaporação da água ($MJ\ kg^{-1}$);

T - temperatura média diária do ar (^oC);

U_2 - velocidade média do vento à altura de 2 m ($m\ s^{-1}$);

es - pressão de saturação de vapor d'água (kPa);

ea - pressão atual de vapor d'água (kPa);

(es - ea) - déficit de pressão de vapor d'água (kPa).

Os parâmetros da Equação 10 foram calculados com os dados obtidos da Estação Climatológica Principal (ECP, INMET/UFLA), seguindo os passos e os procedimentos recomendados por Allen et al. (1998). A evapotranspiração real da cultura ETr foi calculada para o tratamento padrão de lâmina padrão de referência e época de suspensão da irrigação ao final do ciclo de cultivo, A3E5, determinada conforme Bernardo et al. (2005), pelas Equações 11, 12, 13 e 14.

$$ETr = Ks \cdot ETc \qquad (11)$$

$$Ks = \frac{Ln(LAA + 1)}{Ln(CTA + 1)} \qquad (12)$$

$$LAA = (\theta a - \theta pmp) \cdot z \cdot fw \qquad (13)$$

$$CTA = (\theta cc - \theta pmp) \cdot z \cdot fw \qquad (14)$$

em que,

Ks - coeficiente de umidade do solo (adm);
Ln - logaritmo neperiano;
LAA - lâmina atual de água no solo (mm);
CTA - capacidade total de água no solo (mm);
θcc - umidade do solo na capacidade de campo ($cm^3 \ cm^{-3}$);
θa - umidade atual do solo no momento de leitura ($cm^3 \ cm^{-3}$);
θpmp - umidade do solo no ponto de murcha permanente ($cm^3 \ cm^{-3}$);
z - profundidade efetiva do sistema radicular (mm);
fw - fração de área molhada (0 a 1).

3.6 Variáveis vegetativas avaliadas periodicamente

Avaliações periódicas a cada uma e/ou duas semanas foram feitas para determinar as características fenológicas da parte aérea da planta, algumas dessas avaliadas para a determinação de estádios fenológicos da cultura (Eo, E1, E2, E3, E4 e E5), exclusivamente nos tratamentos A3E5, tais como porcentagem de frutos maduros dos racemos primários (PFr.M1), secundários (PFr.M2) e terciários (PFr.M3); matéria seca da parte aérea da mamoneira (MSPA), particionada em matérias seca do caule e pecíolos foliares (MSC); matéria seca caulinar total (exceto

40

limbos foliares e raízes), incluídas inflorescências, frutos e racemos (MSCT), e em matéria seca do limbo foliar (MSF), área foliar específica (AFE), área foliar unitária (Ax) e total por planta (AFP). Em cada avaliação, essas variáveis foram obtidas pela média de três plantas extraídas ao acaso nas parcelas A3E5. A área foliar específica (AFE) foi determinada pela razão entre AFP e MSF e pelo método do disco. A matéria seca da parte aérea da planta foi determinada com a pesagem após secagem em estufa com circulação forçada de ar, a 65 °C, até a obtenção de massa constante e a maturação dos frutos, estimada por amostragem de frutos de cada ordem de racemo (FANAN et al., 2009), conforme ilustrado na Figura 4.

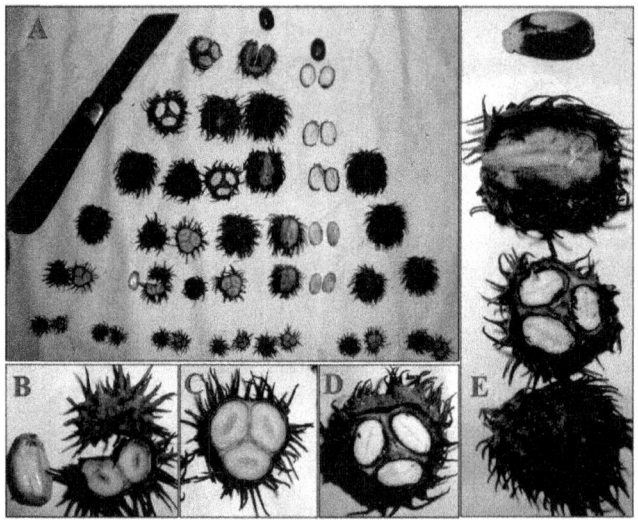

FIGURA 4 Grau de maturação de frutos da mamona. Pirâmide de maturação de base com os frutos imaturos ou fase de início de enchimento dos grãos e maturação completa no topo (A); grãos cheios e aquosos sem tegumento formado (B e C); grãos cheios com tegumento formado, leitosos e em maturação fisiológica (D e E). Lavras, MG, 2011.

As demais características fenológicas foram determinadas em todos os tratamentos. Entre elas, altura de planta (HP), menor (D1) e maior (D2) diâmetro de

41

copa, comprimento do folíolo principal da folha (P) e largura foliar (L) por cada terço ou estrato inferior (Pi e Li), médio (Pm e Lm) e superior (Ps e Ls) da copa da planta, área de folha do estrato inferior (Ai), estrato médio (Am) e superior (As), número total de folhas por planta (NFT), particionado em número de folhas completas "maduras" anteriores à marcação inclusive (NFA) e número de folhas completas "novas" posterior à marcação exclusive (NFP), número de plantas com ramos laterais (NPR) e número de plantas com emissão de inflorescência ou presença de racemos primários (NPIP), secundários (NPIS) e terciários (NPIT) em fase de antese.

O número de folhas total por planta (NFT) foi determinado pela contagem de folhas completamente desenvolvidas e/ou totalmente abertas, utilizando-se de marcação das folhas com pedaços de cordões vermelhos. Em cada avaliação, essa contagem foi realizada em uma das quatro plantas úteis estabelecidas por parcela. Na primeira avaliação, a contagem de folhas da planta, de baixo para cima, foi feita apenas até a folha completa mais nova, marcando-a com o cordão. Nas avaliações subsequentes, com o desenvolvimento da planta, repetia-se a contagem correspondente ao número de folhas até a folha marcada com o cordão (NFA) e, em seguida, contabilizavam-se, para além dessa, as demais folhas mais novas e completamente abertas surgidas, correspondentes ao número de folhas posteriores (NFP), providenciando-se a remarcação do cordão para essa última folha mais nova e/ou acrescendo-se mais cordões às folhas das novas ramificações da planta. Já o número de plantas com ramos laterais (NPR), com emissão de inflorescência ou presença de racemos primários (NPIP), secundários (NPIS) e terciários (NPIT), foram contabilizados em todas as quatro plantas úteis por parcela, a exemplo do NPR, em cuja contagem considerou-se o número de plantas úteis que apresentaram ramos laterais (ou ladrões) surgidos no fuste abaixo dos três ramos principais possíveis, junto à inserção do racemo primário.

42

A altura de planta (HP), definida como sendo a altura vertical do meristema apical (gema) mais alto em relação ao solo, as dimensões lineares da folha (P e L), conforme Severino et al. (2004) e Rios et al. (2011b), e da copa (D1 e D2), foram mensuradas com régua graduada, sendo P o comprimento do maior lóbulo a partir da inserção do pecíolo da folha; L, a distância entre as extremidades de dois lóbulos que se aproximam perpendicularmente da direção de P; D1, o menor diâmetro perpendicular à copa e D2, o maior diâmetro, definido pelo maior comprimento longitudinal perpendicular à copa, Figura 5.

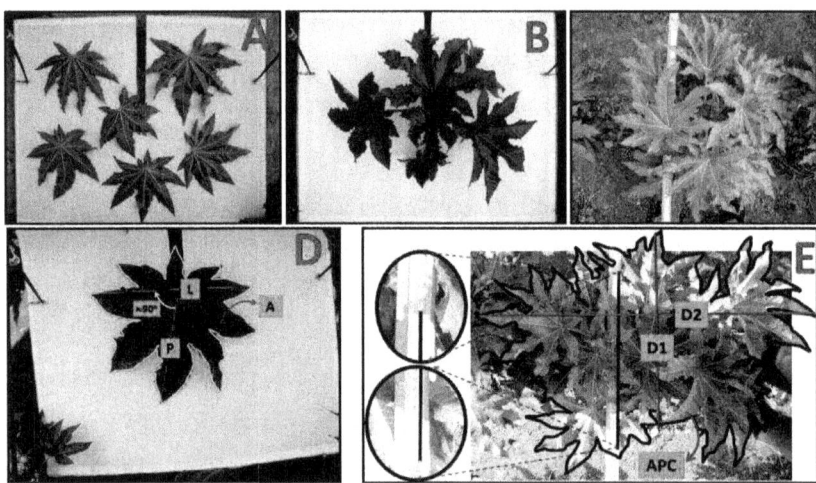

FIGURA 5 Medidas da folha e copa da planta com o uso de um invento acoplado à câmera fotográfica digital para a mensuração das dimensões área da folha, com (A) e sem extração da planta (D, indicado o comprimento da nervura principal, P; largura da folha, L e área foliar, A), das dimensões da área da projeção da copa da planta (B) e com uso de uma régua junto à cena para a obtenção das dimensões e da área da projeção da copa da planta (C e E, indicadas as variáveis diâmetros menor, D1; maior, D2 e área de projeção da copa da planta, APC).

A área foliar total por planta (AFP), a área de projeção da copa (APC), a área foliar unitária dos três estratos da planta (Ai, Am, As) e as dimensões lineares de folha e de copa (P, L, D1 e D2) foram também medidas por diferentes métodos fotográficos em amostragens destrutivas e não destrutivas, em avaliações expeditas de campo, conforme ilustrado na Figura 5. Essas medidas obtidas das avaliações com as fotos foram processadas no programa de uso livre ImageJ. Para testar e validar o método fotográfico, ensaios foram feitos e os dados confrontados com os dados obtidos pelo método tido como padrão, utilizando-se o scanner LI-cor 3000, conforme Rios et al. (2011b).

3.6.1 Área foliar unitária ou área de uma folha

A área de cada folha da planta (Ax) ou de cada estrato da planta (Ai, Am e As) foi estimada pelo método do scanner (LAI-3000), modelos matemáticos, método do disco e método fotográfico, com o uso em amostras destrutivas e não destrutivas. O método do scanner (LAI-3000) foi utilizado para testar e validar os demais métodos, obtendo-se os valores de área foliar por amostragens destrutivas por classes de largura de folha (L) de 10-20, 20-30, 30-40, 40-50 e 50-60 cm, correspondentes às áreas entre 70-200, 200-500, 500-800, 800-1.100 e 1.100-1.500 cm^2, medidas no scanner LAI-3000, conforme Rios et al. (2011b). O modelo matemático utilizado nas avaliações periódicas foi o modelo b2 $[A=0,3526(P+0,5L)^2]$, conforme Severino et al. (2004) e Rios et al. (2011b), sendo este último o modelo escolhido para a melhor estimativa de AFP e IAF dos tratamentos.

O método do disco estima a área foliar específica (AFE) que, tida como constante, por sua vez, serve para a estimativa da área de uma folha (Ax) o o total de folhas por planta (AFP), obtido pelo produto entre AFE e a massa seca da folha ou do total de folhas por planta (MSF). A área foliar específica média (AFE) foi estimada pela relação entre AFP e MSF e pelo método do disco, cujo valor médio de AFE estimado por esse método foi o escolhido para as estimativas de AFP e IAF dos tratamentos. O valor médio da AFE (142,472 $cm^2 g^{-1}$), estimado pelo método do disco aos 120 DAS (13/7), foi obtido conforme Rios et al. (2011b) e Lima, Peixoto e Ledo (2007), extraindo-se dez discos foliares por estrato (ou terço) da copa da planta (inferior, médio e superior), amostrados nos lóbulos centrais com e sem nervura,mediante o uso do vazador foliar, em três plantas (repetições) amostradas ao acaso. A área foliar (md) foi estimada por esse método do disco.

O método fotográfico, empregando-se o protótipo do invento acoplado à câmera fotográfica, foi utilizado para a estimativa da área foliar obtida diretamente da foto em amostras destrutivas de folhas extraídas da planta (afe), apresentando excelente desempenho em relação ao método do scanner (LAI-3000), segundo Rios et al. (2011b). Com o uso exclusivo do método matemático do modelo b2, alimentado pelas medidas lineares da folha (P e L) obtidas com uso de régua graduada, foi estimada a área foliar em amostras expeditas de folhas avaliadas no campo (mec).

3.6.2 Área foliar total por planta

A área foliar total por planta (AFP) é, por definição, o somatório da área de todas as folhas da planta e, neste trabalho, ela foi determinada por amostragem destrutiva pelo método da foto e estimada por amostragem não destrutiva. Para a estimativa da AFP da mamoneira, foi desenvolvida uma metodologia prática baseada no teorema do valor médio para integrais e nas seguintes hipóteses: a) a área de cada folha da planta segue uma distribuição normal; b) há diferenciação do tamanho e forma de folhas ao longo do ciclo da planta e dos níveis de estrato da copa e c) a área foliar média (Améd) representa o valor médio da distribuição normal de folhas da planta. A Améd foi obtida pela média das áreas de folhas avaliadas ao acaso no estrato inferior (Ai), médio (Am) e superior (As) da planta. Dessa forma, AFP foi estimada segundo as Equações 15 e 16.

$$\text{Améd} = \frac{Ai + Am + As}{3} \tag{15}$$

45

$$AFP = NFT \cdot Am\acute{e}d \tag{16}$$

em que,

Améd - área foliar média das folhas da planta (cm^2);
Ai - área de folha do estrato inferiorda planta (cm^2);
Am - área de folha do estrato médio da planta (cm^2);
As - área de folha do estrato superior da planta (cm^2);
AFP - área foliar total por planta estimada (cm^2);
NFT - número de folhas total por planta (unidades).

Na estimativa da área foliar total por planta (AFP), pelas medidas de área de cada folha (Ax) ou de cada estrato da planta (Ai, Am e As), foi utilizado o método da fotografia com o emprego do protótipo, em amostras destrutivas de folhas extraídas da planta (AFP.afe) e, em amostras não destrutivas de avaliações expeditas de campo com o método matemático, modelo b2, alimentado pelas medidas lineares da folha (P e L) obtidas com uso de régua graduada, foi estimada a área foliar total por planta em amostras expeditas no campo (AFP.mec), resguardada a importância da metodologia de contagem de folhas. De posse desses resultados, os respectivos índices de área foliar (IAF) foram estimados.

3.6.3 Índice de área foliar e fração de cobertura do solo

O índice de área foliar (IAF), dado pela razão entre a área foliar da planta ou população (AFP) e a área do terreno ocupada pela planta (Au), foi calculado para cada método (IAFafe e IAFmec) empregado na estimativa da área foliar total por planta (AFP.afe e AFP.mec), conforme Equação 17.

$$IAF = \frac{AFP}{Au} \tag{17}$$

em que,

IAF - índice de área foliar $(m^2 \, m^{-2})$;
AFP - área foliar total por planta (m^2);
Au - área útil por planta (m^2).

A fração de cobertura do solo pela cultura (fc) foi estimada em três etapas, considerando: a) o desenvolvimento inicial da copa anterior à sobreposição das plantas na fileira de plantio (D ≤ Sp) com conformação circular; b) a cobertura do solo com o desenvolvimento da cultura entre fileiras de plantas dependente apenas do espaçamento entre fileiras (Sf), na condição desse ser maior que o espaçamento entre plantas (Sp ≤ D ≤ Sf) e c) o desenvolvimento para além do espaçamento entre fileiras (Sf) corresponde à cobertura máxima do solo (D > Sf), à semelhança de Rios et al. (2011a), Equação 18.

$$
fc = \begin{cases}
(\pi D^2 / 4)/(Sp \cdot Sf) \cdot 100 & se \quad D \leq Sp \\
D / Sf \cdot 100 & se \quad Sp < D \leq Sf \\
100 & se \quad D > Sf
\end{cases}
\tag{18}
$$

em que,

fc - fração de cobertura do solo pelo dossel da planta ou cultura (%);
D - diâmetro médio de projeção da copa ou dossel da planta (m);
Sp - espaçamento entre plantas dentro da fileira de plantas (m);
Sf - espaçamento entre fileiras de plantas (m).

O diâmetro médio de projeção da copa (D) utilizado para a estimativa da fc foi obtido pela média entre o menor (D1) e o maior (D2) diâmetro de copa.

3.6.4 Estádios e fases fenológicos da cultura

As fases I, II, III e IV e os estádios Eo, E1, E2, E3, E4 e E5 foram determinados para o cultivo mantido sob condições ótimas dos fatores de produção, ou seja, para o tratamento referência (A3E5). As fases consecutivas I, II, III e IV, respectivamente denominadas de fase inicial de crescimento (I), fase vegetativa (II), fase intermediária ou de produção (III) e fase de maturação ou senescência (IV), foram determinadas conforme critérios e adaptações de Allen et al. (1998) e Rios et al. (2011a), considerando-se, para o início e/ou o encerramento final dessas fases, a fração de cobertura do solo fc de 10% (final da fase I, estádio Eo), o surgimento das

47

inflorescências secundárias (final da fase II, estádio E2) e a maturação fisiológica dos frutos dos racemos secundários (final da fase III, estádio E4) e terciários (final do ciclo ou da fase IV, estádio E5). Os estádios consecutivos Eo, E1, E2, E3, E4 e E5, respectivamente denominados de estádio inicial de crescimento (Eo, equivalente ao final da fase I), estádio de surgimento das inflorescências primárias (E1) e secundárias (E2, equivalente ao final da fase II) e estádio de maturação dos racemos primários (E3), secundários (E4, equivalente ao final da fase III) e terciários com o final do ciclo de cultivo (E5, equivalente ao final da fase IV), foram determinados conforme o surgimento de inflorescências ou a maturação dos frutos em mais de 50% da população de plantas, considerando, para o surgimento, as inflorescências em fase de antese (abertura das primeiras flores) e, para a maturação, mais de 50% dos frutos em fase de maturação fisiológica, com tegumento formado e grãos cheios e leitosos (Figura 4D e E).

3.7 Variáveis componentes de produção

As componentes de produção dos tratamentos, por ordem de racemos primária (P), secundária (S) e terciária (T), foram obtidas para o número de racemos primários (NRP), secundários (NRS), terciários (NRT) e total por planta (NTR); número de frutos primários (NFP), secundários (NFS) e terciários (NFT) por racemo; massa de frutos primários (MFP), secundários (MFS) e terciários (MFT) por racemo; teor de água (TU) e teor de óleo dos grãos (TO).

Os racemos primário, secundários, terciários e laterais (ladrões) são oriundos das respectivas inflorescências, já definidos anteriormente, conforme Weiss (1983). Ao final do ciclo produtivo, foi realizada a colheita dos racemos das quatro plantas úteis por parcela, por ordem de racemos primário, secundário, terciário e lateral (ladrão), utilizando-se tesouras de poda, redes de plástico e etiquetas, seguidas das etapas de extração manual e contagem dos frutos e racemos por parcela e secagem

48

dos frutos colhidos. Cabe ressaltar que, neste estudo, não foi constada a presença de racemos quaternários e que a produção dos racemos laterais foi nula ou muito baixa, em todos os tratamentos.

A secagem foi realizada, numa primeira etapa, ao natural, sobre piso pavimentado, dentro de estufa, por cerca de 30 dias após a colheita. Em seguida, foi feita uma secagem complementar artificial, para uniformizar a secagem dos frutos em razão do excesso de chuvas e/ou da nebulosidade da atmosfera nos meses de novembro e dezembro. Essa secagem foi feita em secadores de circulação forçada, à temperatura de cerca de 45°C, no Laboratório de Processamento de Produtos Agrícolas (DEG/UFLA). Após a secagem, procedeu-se à pesagem de frutos em balança de precisão de 0,01 g, em g/parcela, o beneficiamento dos frutos e a determinação peso de mil grãos, peso em hectolitros, teor de água e teor de óleo dos grãos. O descascamento dos frutos secos foi feito por ordem de racemos na beneficiadora debulhadora de mamona da marca Ecirtec, separando-se, de um lado, os grãos cheios e, de outro, as cascas dos frutos e os grãos chochos (vazios) que, posteriormente, foram separados e contados, conforme ilustrações da Figura 6.

As componentes de produção número médio de racemos por unidade de planta e ordem primária (NRP), secundária (NRS), terciária (NRT) e total por planta (NTR), assim como o rendimento médio de frutos por unidade de planta e ordem primária (RFP), secundária (RFS), terciária (RFT) e total de frutos por planta (RTF), foram calculadas dividindo-se seus respectivos números de racemos e pesos de frutos secos por parcela pelo seu número de plantas úteis.

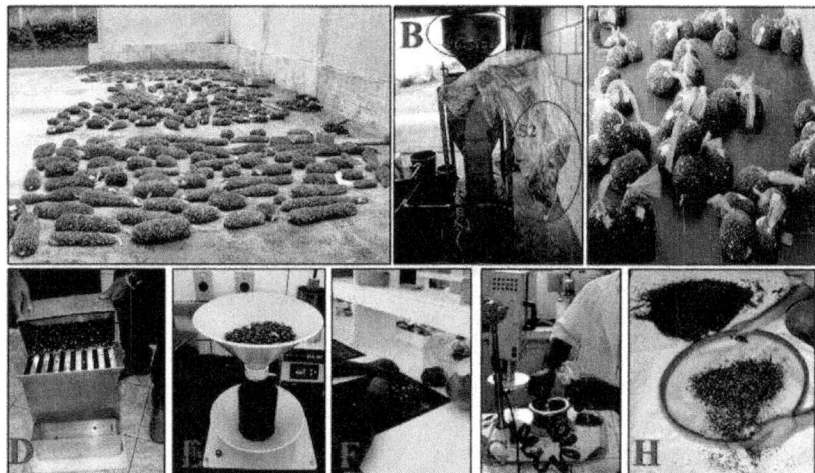

FIGURA 6 Etapas de beneficiamento e análises após a colheita da mamona. Frutos colhidos das parcelas, ensacados e postos pra secar em estufa (A); debulhadora de frutos (B), indicadas a entrada dos frutos e a posterior saída dos grãos cheios (S1) e da palhada dos grãos chochos (S2); grãos cheios beneficiados (C); homogeneizadora dos grãos (D); balança de peso hectolitro (E); bancada de contagem dos grãos (F); moagem dos grãos (G) e processo de separação dos grãos chochos da palhada (H). Lavras, MG, 2011.

As componentes de produção número médio de frutos por unidade de racemo da ordem primária (NFP), secundária (NFS) e terciária (NFT), assim como a massa média de frutos por unidade de racemo da ordem primária (MFP), secundária (MFS) e terciária (MFT), foram calculadas dividindo-se seus respectivos números e pesos por parcela pelo número total de racemos das plantas úteis.

Ressalta-se que os dados dessas componentes referem-se à umidade de grãos de 10%Ubu e teor de óleo de 43%bu corrigidas, e que não foram calculados para a ordem terciária, por não terem sido suficientes o número e/ou volume colhido por parcela, na maioria dos tratamentos. As componentes de produção teor de água (TU), segundo Brasil (2009), e teor de óleo dos grãos (TO) foram obtidas de subamostras do total de grãos de todas as ordens colhidas por parcela, com o teor de água (TU) obtido de amostras moídas no Laboratório de Análise de Sementes LAS/DAG/UFLA e o teor de óleo dos grãos corrigido para umidade de 10%Ubu, determinado por extração pelo método Soxhlet, utilizando-se como solvente o hexano, no Laboratório de Pesquisa em Óleos, Gorduras e Biodiesel da UFLA.

3.8 Variáveis de produtividade da cultura

A produtividade de grãos (P), em kg ha^{-1}, foi obtida para os racemos primários (PRP), secundários (PRS), terciários (PRT), primários e secundários (PRPS) e produtividade total da cultura (PT). Para tanto, consideraram-se o teor médio de óleo dos grãos (TO) de 43% a 10%Ubu e a umidade média dos grãos (TU = Ui) de 5,8%Ubu convertida para a produtividade com 10%Ubu (TU = Uf, teor de água padrão de comercialização), a área útil por planta (Au) e os rendimentos totais de grãos (R) colhidos das quatro plantas úteis por parcela, conforme as Equações 19 e 20.

$$P = fu \cdot \frac{10R}{4Au} \tag{19}$$

$$fu = \frac{100 - Ui}{100 - Uf} \tag{20}$$

em que

P - produtividade de grãos ao teor de óleo de 43% a 10%Ubu, (kg ha^{-1});
fu - fator de conversão da umidade, (adm);
R - rendimentos de grãos por ordem e plantas úteis, (g.parcela^{-1});
Ui - percentual de umidade inicial em base úmida (%Ubu);
Uf - percentual de umidade final em base úmida (%Ubu);
Au - área útil por planta (m^2.planta^{-1}).

Os dados amostrados no experimento foram submetidos às análises estatísticas no programa computacional Sisvar, versão 4.6 (FERREIRA, 2011).

4 RESULTADOS E DISCUSSÃO

Nesse tópico, longe de esgotar o assunto, são abordados os itens relacionados a esse estudo por meio de figuras e tabelas com informações adicionais anexas.

4.1 Condições meteorológicas e de controle dos tratamentos

Algumas das variáveis meteorológicas e de controle da irrigação, ao longo das épocas de suspensão da irrigação no período de cultivo, estão sumarizadas na Tabela 1A (anexo). As temperaturas (T) e as umidades relativas (UR) médias, durante os estádios Eo, E1, E2, E3, E4 e E5, foram de 17,8; 16,4; 18,2; 19,7; 20,3 e 21,6 °C e de 72%, 72%, 63%, 54%, 56% e 65%, respectivamente, observando-se as menores UR nos meses de agosto e setembro (E3 e E4) associadas às menores nebulosidades atmosféricas ocorridas com razões de insolação média (n/N) de 68%, 69%, 76%, 83%, 65% e 56%, respectivamente. Como resultado direto da integração dessas variáveis do plantio aos 38 dias após a semeadura (DAS) à ocorrência dos estádios Eo, E1, E2, E3, E4 e E5 (Tabela 1A), considerando-se Eo aos 103 DAS e os demais, respectivamente, aos 120, 149, 177, 196 e 220 DAS, observou-se que a demanda atmosférica representada pela evapotranspiração de referência, ETo, de 163,6; 36,2; 82,7; 106,5; 80,5 e 97,5 mm (566,9 mm) foram superiores à disponibilidade hídrica do solo suprida pela precipitação efetiva (Pe) de 45,5; 1,0; 8,5; 0,2; 0,4 e 28,7 mm (84,2 mm) e, pela irrigação (LBI), de 120,0; 30,0; 61,7; 61,6; 43,8 e 21,9 mm (338,9 mm), exceto até os 103 DAS (Eo), respectivamente. Cabe destacar que a precipitação total (P) no ciclo foi de 198,2 mm, concentrando-se quase que integralmente no estádio inicial Eo (69,8 mm) e final do ciclo da cultura após E4 (115,4 mm), o que concorreu para a redução da interferência das chuvas nas respostas dos tratamentos irrigados (Tabela 1A).

52

Dessa forma, considerando-se os intervalos (66, 17, 29, 28, 19 e 24 dias) entre os estádios consecutivos Eo, E1, E2, E3, E4 e E5, as ETo média diária foram de 2,5; 2,1; 2,9; 3,8; 4,2 e 4,1 mmd^{-1} e as demandas médias da cultura, estimadas pela evapotranspiração da cultura (ETc), foram de 1,1; 1,9; 2,5; 3,3; 3,4 e 2,7 mmd^{-1} e real da cultura (ETr) de 1,1; 1,7; 2,2; 2,9; 3,0 e 2,5 mmd^{-1}, respectivamente. Essas demandas aumentaram com o desenvolvimento, atingindo valores máximos entre os estádios E2 e E4, seguidos de redução ao final do ciclo no estádio E5, sendo observados os valores de ETc ligeiramente subestimados pelos valores de ETr. Com esses valores de ETc e ETr associados às respectivas ETo durante os estádios Eo, E1, E2, E3, E4 e E5, os coeficientes de cultura médio (Kc) relativos a ETc foram de 0,45; 0,87; 0,87; 0,87; 0,80 e 0,66 e relativos a ETr, de 0,43; 0,79; 0,78; 0,77; 0,71 e 0,62, ligeiramente subestimados em relação aos anteriores em 4%, 9%, 10%, 11%, 11% e 6%, respectivamente.

O manejo da irrigação foi realizado durante o ciclo com 36 irrigações (NI) a um turno de rega médio (TR) de cinco dias, observada a maior frequência de 10 irrigações (NI) na fase inicial (Eo), reduzida para 2 irrigações no estádio final do ciclo (E5), quando ocorreu o reinício das chuvas. Nos intervalos entre os estádios Eo, E1, E2, E3, E4 e E5 os turnos de rega foram de 6, 3, 4, 5, 5 e 8 dias às lâminas médias de irrigação de 12,9; 6,0; 7,7; 10,2; 10,9 e 10,9 mm, respectivamente.

Na Figura 7 observa-se, ao longo do ciclo, a variação diária das variáveis meteorológicas de precipitação (P), radiação solar incidente (Rs), razão de insolação (n/N), umidade relativa média (UR), precipitação (P), temperaturas máxima (Tmáx), média (Tméd) e mínima (Tmín), e as temperaturas críticas basal (Tb de 10 °C) e superior (Ts de 30 °C) para a cultura, conforme Cargnelutti Filho et al. (2010). Com relação a essas temperaturas críticas, observou-se que as mínimas ocorreram, com maior freqüência, próximas ou inferiores à Tb entre 65 e 125 DAS (maio a julho, Eo e E1), com alguns picos inferiores (aos 84, 107, 118, 145 e 178 DAS) e que as

53

temperaturas máximas tiveram maior frequência próxima à Ts entre 140 e 210 DAS (agosto a setembro, E2, E3 e E4), com alguns picos superiores (146, 153, 170, 171 a 181 e de 197 a 204 DAS).

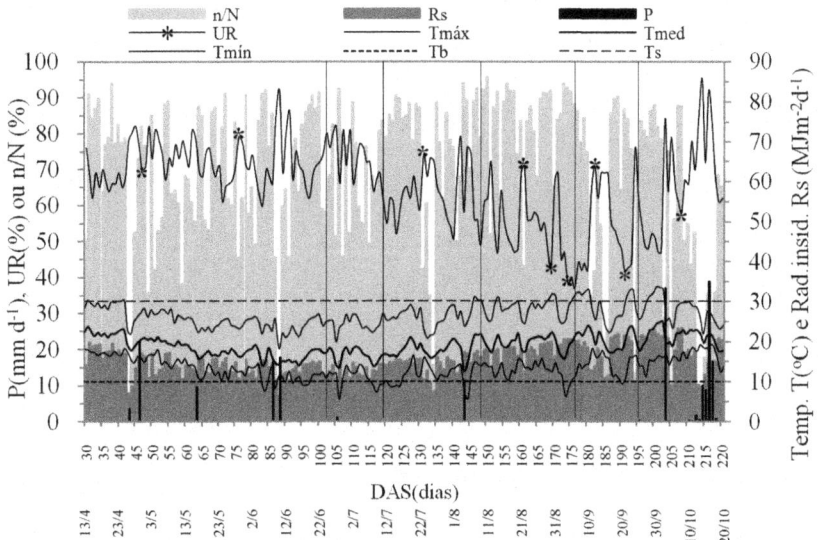

FIGURA 7 Precipitação (P), radiação solar incidente (Rs), razão de insolação (n/N), umidade relativa média (UR), temperaturas máxima (Tmáx), média (Tméd) e mínima (Tmín), e temperaturas críticas para a cultura (Tb e Ts), ao longo dos ciclo, em dias após a semeadura (DAS) e dias do ano Lavras, MG, 2011.

Os gráficos de umidade do solo a 0,30 m de profundidade ao longo do ciclo (DAS), medida nos tratamentos de lâminas A1, A3 e A5, para as respectivas épocas de suspensão da irrigação, E1, E3 e E5, umidade crítica do momento de irrigar (U*) e na capacidade de campo (CC), precipitação (P) e irrigações diárias dos tratamentos A3E5, se encontram nas Figuras 8, 9 e 10. O nível A3 de referência foi adotado no manejo de irrigação estabelecido para a manutenção da umidade do solo próxima da capacidade de campo (CC) de 40%, a 6 kPa (≈ 0,06 atm) e profundidade de 0,30 m, sempre que fosse reduzida desse valor (CC) para a umidade crítica (U*") de 27%, a 26 kPa (≈ 0,26 atm). Ambas foram superiores à umidade no ponto de murcha permanente (Pmp) de 19%, a 1.500 kPa (≈ 15 atm).

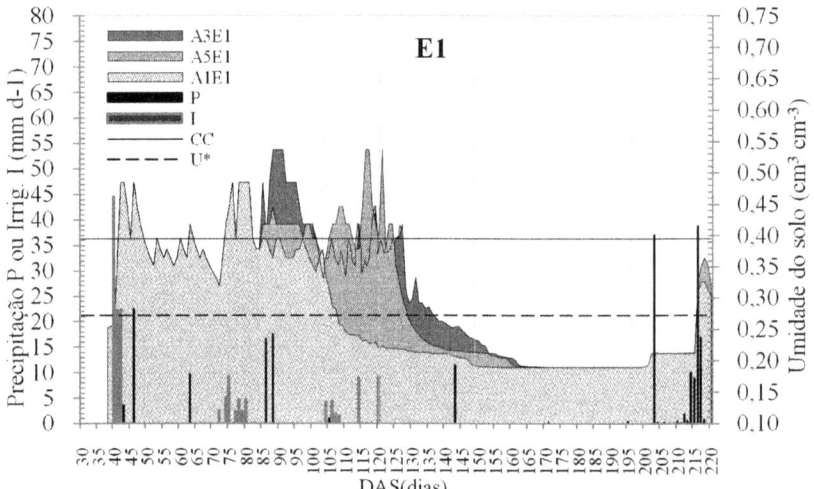

FIGURA 8 Umidade média do solo, medida à profundidade de 0,30 m, nos tratamentos A1E1, A3E1, A5E1 (E1), umidade crítica (U*) e na capacidade de campo (CC); precipitação (P) e irrigações diárias do tratamento A3E5 (I) ao longo do ciclo da cultura, em dias após a semeadura (DAS) Lavras, MG, 2011.

Esse nível de referência (A3) correspondeu à fração de esgotamento de água no solo (f*, fração de depleção ou diponibilidade), obtida pela razão entre a disponibilidade real (DRA) e a total de água no solo (DTA), ambas definidas como intervalos de armazenamento entre as umidades críticas do solo e a capacidade de campo (CC-U*") e entre esta e o ponto de murcha permanente (CC-Pmp), respectivamente. Desse modo, para o cálculo da lâmina bruta de irrigação (LBI) aplicada no tratamento A3, além da umidade crítica U*", foi adotada também a profundidade efetiva do sistema radicular de 0,40 m (Z) e a fração de área molhada de 22% (fw), entre outras características do solo (razão de lixiviação, RL) e do sistema de irrigação (como a eficiência de distribuição e aplicação), com base na literatura já citada.

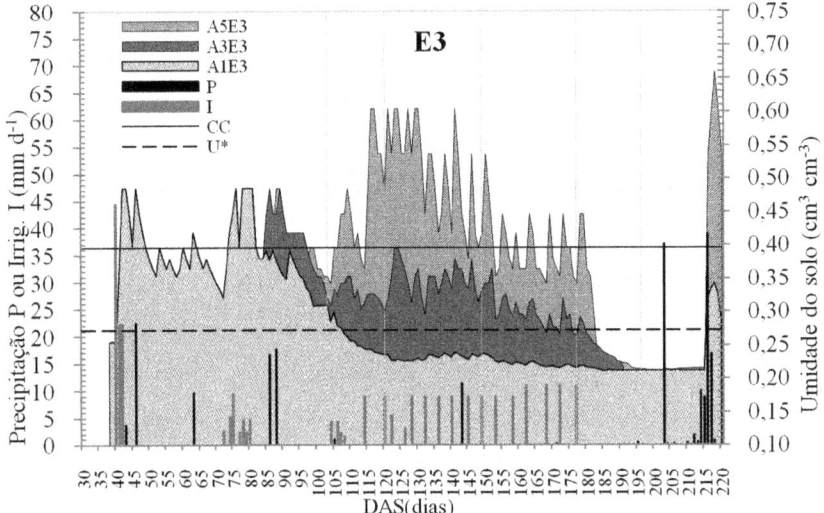

FIGURA 9 Umidade média do solo, medida à profundidade de 0,30 m, nos tratamentos A1E3, A3E3, A5E3 (E3), umidade crítica (U*) e na capacidade de campo (CC); precipitação (P) e irrigações diárias do tratamento A3E5 (I) ao longo do ciclo da cultura, em dias após a semeadura (DAS). Lavras, MG, 2011.

Com isso, os níveis de lâmina de água de A1, A2, A3, A4 e A5 foram determinados com base nas respectivas frações de 40%, 70%, 100%, 130% e 160% da LBI do tratamento estabelecido como referência (A3 = 100% LBI). Cabe ressaltar que, entre outros parâmetros adotados, a umidade crítica U*" de referência foi estimada a partir da fração de esgotamento de água do solo f* (fração de depleção ou disponibilidade) de 0,60 (≈ 0,62), estimada com base em características de solo, de clima e da cultura, segundo dados e recomendações generalizadas para grupos de culturas (RIOS, 2009; ALLEN et al.; 1998; SILVA et al., 1998; DOORENBOS; KASSAN 1979).

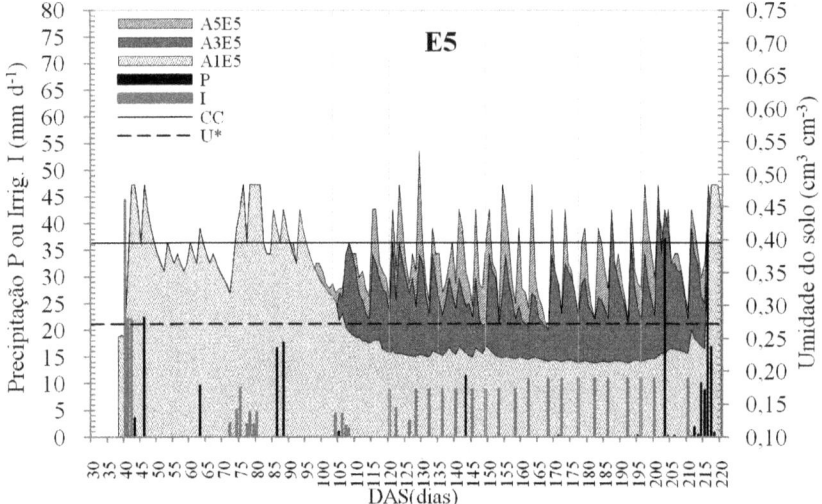

FIGURA 10 Umidade média do solo, medida à profundidade de 0,30 m, nos tratamentos A1E5, A3E5, A5E5 (E5), umidade crítica (U*) e na capacidade de campo (CC); precipitação (P) e irrigações diárias do tratamento A3E5 (I), ao longo do ciclo da cultura, em dias após a semeadura (DAS). Lavras, MG, 2011.

A fração de esgotamento (f), quando resultante de pesquisa local e/ou regional para uma cultura, revela o nível de tolerância à restrição (déficit) hídrica e/ou a capacidade evapotranspirométrica e produtiva da cultura, mediante uma razão adimensional simples entre 0 e 1, facilmente convertida em umidade e/ou tensão (energia) de água no solo. Essa fração (f) corresponde, por definição, à porção máxima da água facilmente disponível (AFD ou DRA) em relação à disponibilidade total de água no solo (DTA) que a cultura pode utilizar, sem que a evapotranspiração real (ETr) chegue a ser inferior à evapotranspiração potencial da cultura (ETc) e, por conseqüência (ETr < ETc), cause redução da produtividade potencial (PT < PP).

Nos cultivos irrigados sob lâmina de referência (A3=LBI) planejada para a manutenção da fração de esgotamento (f*) inferior a 0,6 da DTA, durante todo o ciclo (A3E5, Figura 10), inclusive na fase inicial (E0), ou até as respectivas épocas de suspensão da irrigação após os estádios E1 e E3 (A3E1 e A3E3) (Figuras 8 e 9), observou-se que a umidade média do solo a 0,30 m de profundidade manteve-se próxima da capacidade de campo (CC) e acima da umidade crítica estabelecida (U*"). Em média, para a aplicação de A3 nos cultivos irrigados a partir do estabelecimento da cultura (E0) até o final do ciclo de cultivo (A3E5, Figura 10), até a maturação primária (A3E3, Figura 9) e até a antese primária (A3E1, Figura 8) foram observadas as umidade mínima e média crítica (U*) de 26% e 29%. Essas umidades corresponderam às tensões críticas de 33 e 19 kPa e frações (f) de 0,66 e 0,52, respectivamente. Contudo, como, em um manejo de irrigação, o que caracteriza a fração (f) e/ou a umidade crítica (U*) de esgotamento (a ser corroborada pela produtividade máxima e/ou ETc entre os tratamentos) é a média dos valores mínimos atingidos imediatamente antes das irrigações durante o ciclo, assim, é razoável considerar que a fração de esgotamento (f) no tratamento referência (A3) foi de 0,52.

De modo semelhante, nos cultivos irrigados com a máxima lâmina relativa de 160% de A3 (A5), durante todo o ciclo (A5E5, Figura 10) ou até as respectivas restrições hídricas após as épocas de suspensão da irrigação (A5E1 e A5E3, Figuras 8 e 9), a umidade média manteve-se elevada, acima de 33%, a 11 kPa ou f de 0,33, com maior frequência de picos tendendo à umidade de saturação (Us ≈ 66%). Por outro lado, à lâmina mínima A1 aplicada nos cultivos A1E1, A1E3 e A1E5 (Figuras 8, 9 e 10) a umidade mínima observada foi de 21%, a 201 kPa, com f de 0,9. Contudo, a umidade média mínima observada imediatamente antes das irrigações foi de 23%, a

58

76 kPa, com f de 0,81. Portanto, para os cultivos irrigados sob a lâmina mínima (A1), média (A3) e máxima (A5) de 40%, 100% e 160% A3, as umidades médias mínimas (U*) observadas imediatamente antes das irrigações foram de 23%, 29% e 33%, às tensões de 76, 19 e 11 kPa e frações de esgotamento (f) de cerca de 0,81; 0,52 e 0,33, respectivamente. Considerando razoável que as lâminas intermediárias (A2 e A4) e médias, entre 40% (A1) e 100% (A3) e entre esta última e 160% (A5), sejam proporcionais às umidades mínimas atingidas imediatamente antes das respectivas irrigações, para as lâminas de irrigação A1, A2, A3, A4 e A5, as umidades críticas (U*) foram de, aproximadamente, 23%, 26%, 29%, 31% e 33% (às tensões de 76, 33, 19, 14 e 11kPa), correspondentes às frações de esgotamento (f) de 0,81; 0,67; 0,52; 0,43 e 0,33; respectivamente. Esses valores médios estimados de frações de esgotamento de água no solo estão dentro da faixa de 0,2 a 0,8, utilizada para a maioria das culturas, particularmente entre 0,4 e 0,8, para as culturas do grupo graníferas e/ou oleaginosas, sendo grosseiramente o valor médio de 0,5 utilizado para muitas culturas (ALLEN et al., 1998; BERNARDO et al., 2005; DOORENBOS; KASSAN, 1979).

Adicionalmente, sob restrição hídrica após o estádio de antese primária (E1), nos cultivos irrigados A1E1, A3E1 e A5E1 (Figura 8), observou-se uma redução acentuada e defasada de umidade, atingindo a umidade crítica do solo (U*), logo aos 108, 138 e 130 DAS. Para A1, A3 e A5 suspensas no estádio seguinte E2 aos 149 DAS (A1E2, A3E2 e A5E2), as umidades críticas foram de 19%, 24% e 21% (f = 1; f ≈ 0,76 e f ≈ 0,9), respectivamente, atingindo o ponto de murcha permanente de 19% (f = 1) aos 149, 161 e 162 DAS, respectivamente, e assim permanecendo praticamente por todo o ciclo, até voltar a elevar-se, com o reinício das chuvas, ao final do ciclo (220 DAS). Cabe destacar, entre estes, o cultivo sob a lâmina média de referência A3E1, que teve redução de umidade do solo mais lenta e adiada do que no cultivo sob a lâmina máxima A5E1, apesar de ambos terem irrigação suspensa no mesmo dia e A5E1 ter recebido lâmina "excessiva" 60% maior que a lâmina de referência A3E1 (Figura 8). Isso, possivelmente, está ligado à maior eficiência de uso da água (EUA de A3E1 estimada de 8,65 contra 6,67 kg ha^{-1}mm^{-1} de grãos de A5E1) e/ou demanda evapotranspirométrica (ver seções seguintes). Relacionado a isso, Sousa et al. (2008) observaram que essa eficiência decresceu com o incremento na lâmina aplicada, tendo o maior valor, de 0,72 kg m^{-3}, sido alcançado com o regime de 60% da ETc.

Destaca-se também, sob lâmina mínima de irrigação, o cultivo A1E1, com grande redução da umidade do solo que, tão logo se iniciou esse tratamento, já atingia 5, 16 e 45 dias depois as umidades de 27% (U*), 24% (f ≈ 0,76) e o ponto de murcha permanente de 19%(f = 1), respectivamente.

Nos cultivos A1E3, A3E3 e A5E3 (Figura 9), à semelhança da restrição no estádio E1(Figura 8), observou-se redução acentuada e defasada de umidade, ambas atingindo a umidade crítica (U*) aos 108, 180 e 182 DAS e, no estádio de maturação secundária, aos 196 DAS (E4), umidade mínima de 21% (f ≈ 0,9), próxima do ponto de murcha permanente, e assim permanecendo praticamente até o final do ciclo, com o reinício das chuvas. Portanto, em todos os tratamentos de épocas de suspensão da irrigação, em decorrência de poucas chuvas nos respectivos períodos e da interrupção da irrigação mantida até o final do ciclo de cultivo, observou-se que a umidade do solo na camada de 0 a 0,40 m atingiu valores próximos do ponto de murcha permanente.

Na Figura 11 são observadas as lâminas totais de água (A0, A1, A2, A3, A4 e A5) disponibilizadas para a cultura da mamona pelas chuvas e irrigações acumuladas. Para o cultivo de sequeiro (A0, testemunha), a lâmina de água total disponibilizada foi de 173 mm, dos quais 77% foram fornecidos na etapa de estabelecimento da

60

cultura até os 100 DAS (E0), sendo 89 mm referentes às três primeiras irrigações de plantio; 45 mm, às precipitações efetivas de estabelecimento (Pe.inic) e 39 mm, às precipitações efetivas da etapa de diferenciação dos tratamentos (Pe.Trat), dos quais 29 mm concentraram-se após os 203 DAS (Tabela 1A e Figura 11).

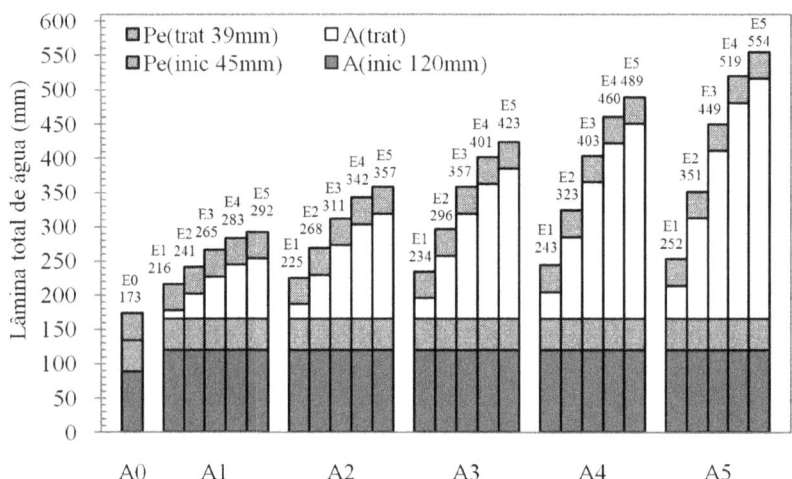

FIGURA 11 Lâminas totais de água acumulada ao longo do ciclo (A0, A1, A2, A3, A4 e A5), fornecidas pela precipitação efetiva (Pe) e/ou irrigação na etapa inicial da cultura (inic), etapa de diferenciação dos tratamentos (trat) à testemunha (A0E0) e à combinação dos 25 tratamentos fatoriais (A1E1, A1E2,... A5E5). Lavras, MG, 2011.

Nos cultivos irrigados com diferenciação das lâminas (A1, A2, A3, A4 e A5) e épocas de suspensão da irrigação (E1, E2, E3, E4 e E5), as lâminas totais resultantes das 25 combinações foram obtidas adicionando-se às lâminas acumuladas de diferenciação dos tratamentos 204 mm, dos quais 84 mm referiram-se às precipitações (Pe.inic + Pe.Trat) e 120 mm à irrigação inicial de estabelecimento até os 104 DAS. Assim, para as respectivas épocas de suspensão E1, E2, E3, E4 e E5, sob o nível de irrigação A1, foram contabilizadas as lâminas totais de água de 216, 241, 265, 283e 292 mm; sob o nível A2, 225, 268, 311, 342 e 357 mm; sob o nível

A3, 234, 296, 357, 401e 423 mm; sob o nível A4, 243, 323, 403, 460e 489 mm e, sob o nível A5, 252, 351, 449, 519 e 554 mm, respectivamente (Figura 11).

Observou-se (Figura 11) que a demanda hídrica e/ou evapotranspirométrica da cultura variou com o desenvolvimento e os estádios fenológicos por um lado, em resposta às lâminas totais de água disponibilizadas A0, A1, A2, A3, A4 e A5 e/ou, por outro, em resposta às épocas de suspensão da irrigação E0, E1, E2, E3, E4 e E5, com a demanda aumentando a taxas médias crescentes com as maiores lâminas totais dentro de cada época de suspensão e aumentando a taxas decrescentes, com a maior disponibilidade hídrica ao longo dos estádios de suspensão da irrigação de cada nível de lâmina de reposição. A partir do início da diferenciação das lâminas, aos 104 DAS, essas taxas médias para os intervalos (17, 29, 28, 19 e 24 dias) consecutivos entre as épocas E1, E2, E3, E4 e E5 manejadas com irrigação A1 foram de 0,71; 0,86; 0,86; 0,95 e 0,38 mmd^{-1}; manejadas com A2 foram de 1,24; 1,48; 1,54; 1,63 e 0,63 mmd^{-1}; manejadas com A3 foram de 1,76; 2,14; 2,18; 2,32 e 0,92 mmd^{-1}; manejadas com A4 foram de 2,29; 2,76; 2,86; 3,00 e 1,21mmd^{-1}, e manejadas com A5 foram de 2,82; 3,41; 3,50; 3,68 e 1,46 mmd^{-1}, respectivamente. Cabe destacar que, em todas essas épocas, para cada lâmina de irrigação (E:A1, E:A2, E:A3, E:A4 e E:A5), as taxas evoluíram com os estádios, atingindo valores máximos (0,95; 1,63; 2,32; 3,00 e 3,68 mmd^{-1}) com a suspensão da irrigação entre E3 e E4, com maiores valores em E4 associado às maiores lâminas A4 e A5 (A4E4 e A5E4; 3,00 e 3,68 mmd^{-1}). Por sua vez, em todas as lâminas, para cada época de suspensão da irrigação (A:E1, A:E2, A:E3, A:E4 e A:E5), as taxas evoluíram linearmente com o aumento das lâminas, destacando-se as maiores taxas ocorridas com aplicação da lâmina máxima (A5) nos respectivos estádios (2,82; 3,41; 3,50; 3,68 e 1,46 mmd^{-1}).

Vale observar também que, corroborando resultados encontrados por Rios et al. (2011a) e Allen et al. (1998), essas taxas sob as lâminas totais A3 e A4, nos respectivos estádios A3E1, A3E2, A4E3, A4E4 e A4E5 (1,76; 2,14; 2,86; 3,00 e 1,21 mmd^{-1}), foram próximas das obtidas com ETr no tratamento referência (Tabela 1A), nos respectivos estádios (1,7; 2,2; 2,9; 3,0 e 2,5 mmd^{-1}), exceto no estádio E5.

Nas Figuras 12, 13 e 14 são observados cinco gráficos da proporção percentual de plantas, com a presença de inflorescências ou racemos primários (AiEi-1), secundários (AiEi-2) e terciários (AiEi-3), avaliados durante o ciclo, em dias após a semeadura (DAS), um para cada desdobramento dos níveis do fator água (A) dentro das épocas de suspensão da irrigação (A:E1, A:E2, A:E3, A:E4 e A:E5) e um gráfico do percentual de frutos maduros por ordem de racemos (PFr-M1, PFr-M2 e PFr-M3) de plantas dos tratamentos referência A3E5.

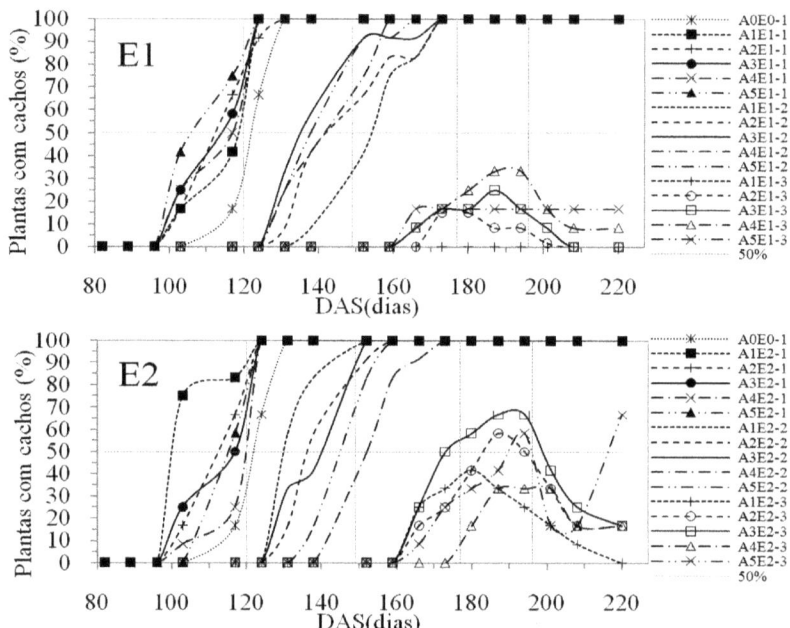

FIGURA 12 Porcentagem de plantas com inflorescências ou racemos primários, secundários e terciários, avaliadas nos tratamentos testemunha (A0E0) e combinações fatoriais dos níveis A1, A2, A3, A4 e A5, para as épocas de suspensão da irrigação E1 e E2, ao longo do ciclo em dias após a semeadura (DAS). Lavras, MG, 2011.

Em todos os casos, o ciclo produtivo da cultivar IAC 2028, para três ordens de racemos, observado neste estudo foi de 220 DAS, à exceção de A0E0 e A1E1, que atingiram apenas produção de ordem primária e secundária já aos 177 e aos 196 DAS, respectivamente.

O surgimento das inflorescências primária, secundária e terciária, independente dos fatores Ai e Ei, teve início, em média, aos 96, 124 e 159 DAS, alcançando, para as duas primeiras ordens, 100% de emissão, aos 28 e 35 dias (124 e 159DAS). Para o cultivo sob condições normais, considerada a diferença de 10 dias entre a semeadura (DAS) e a emergência (DAE), esses valores de início de florescimento primário, secundário, terciário e ciclo produtivo diferiram, respectivamente, em 16, 29, 44 e 30 dias dos valores de 70, 85, 105 e 180 DAE indicados por Savy Filho et al. (2007). Este ciclo produtivo e os estádios foram estendidos, possivelmente, em razão das baixas temperaturas e das condições climáticas do período de cultivo desse estudo. Os estádios Eo, E1 e E2, em média, correspondentes à cobertura do solo de 10% (Eo) e à ocorrência de mais de 50% de inflorescências primárias (E1) e secundárias (E2) com possibilidade de ocorrência de antese nessas inflorescências, ocorreram aos 86, 120 e 149 DAS, respectivamente (Figura 12).

Observou-se, para a ordem terciária, evolução maior do percentual de inflorescências com as maiores lâminas e/ou épocas de suspensão da irrigação até os 190 DAS, alcançando, em média, com as épocas de suspensão E1, E2 e E3 (Figuras 12 e 13), o máximo de 20%, 40% e 70%, à exceção de A1E1-3 e A1E3-3, que atingiram o máximo de 25%, reduzindo para 8% ao final do ciclo (220 DAS). Após os 190 DAS, para estas mesmas épocas de suspensão, E1, E2 e E3, observou-se, em média, tendência de redução desses percentuais máximos para 0% até o final do ciclo, exceto para o cultivo de maior lâmina e suspensão (A5E3), ocorrida 19 dias depois do surgimento das inflorescências terciárias (177-159), atingindo 92%. Contudo, essa tendência não se confirmou, observando-se uma retomada crescente do número de

64

inflorescência terciária até próximo dos 203 DAS, o que, certamente, pode ser explicado pelas chuvas ocorridas a partir desse período até o final do ciclo de cultivo. Entretanto, em nenhum desses tratamentos com retorno do crescimento do número de inflorescências terciárias foi atingida a totalidade de 100% ao final do ciclo.

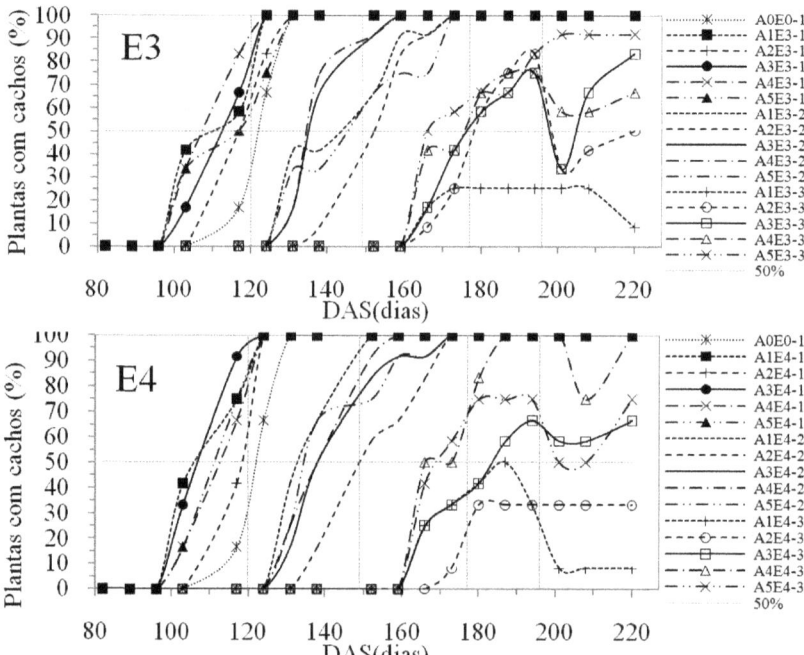

FIGURA 13 Porcentagem de plantas com inflorescências ou racemos primários, secundários e terciários avaliadas nos tratamentos testemunha (A0E0) e combinações fatoriais dos níveis A1, A2, A3, A4 e A5, para as épocas de suspensão da irrigação E3 e E4, ao longo do ciclo, em dias após a semeadura (DAS). Lavras, MG, 2011.

Esse mesmo comportamento também foi observado para o percentual de inflorescências terciárias dos cultivos sob as épocas de suspensão E4 e E5 (Figuras 13 e 14), porém, de um modo mais pronunciado e diferenciado, segundo o aumento das lâminas de irrigação. Ao final do ciclo com as suspensões da irrigação a partir da maturação primária (estádios E3, E4 e E5), foram observados os maiores percentuais de inflorescências terciárias com o aumento das lâminas (A) e dos períodos irrigados (E). Para as lâminas A1, A2, A3, A4 e A5, aplicadas em todo o ciclo (E5), os percentuais médios de plantas com inflorescências terciárias foram de 8%, 58%, 75%, 100% e 100%, respectivamente. Observou-se também (Figura 14, A3E5) que, em média, a maturação dos frutos nas ordens primária (PFr-M1), secundária (PFr-M2) e terciária (PFr-M3) dos tratamentos A3E5 teve início aos 140, 163 e 191 DAS, e atingiu o máximo de enchimento de grãos, com mais de 70% de maturação, aos 169, 196 e 220 DAS. Portanto, ocorreu com intervalos de 29, 33 e 29 dias do início ao final da maturação ("período de maturação de fruto" de 30 dias em média, período entre o enchimento e a maturação completa dos frutos) e de 73, 72 e 61 dias a partir do início do surgimento das inflorescências ("período de produção do racemo" primário ou secundário de 70 dias, em média, e 60 dias para o terciário) primárias, secundárias e terciárias, respectivamente. Assim, observou-se que o período de maturação de fruto (30 dias) não difere por ordem de racemos, entretanto, o período de produção completa dos racemos primários e secundários é maior (70 dias) e difere do tempo de produção dos racemos terciários (60 dias).

Em média, esses intervalos entre o florescimento e a maturação de frutos por ordem primária, secundária e terciária são semelhantes aos 75, 73 e 73 dias obtidos entre o início do florescimento, aos 70, 85 e 105 DAE e o ponto de colheita dos racemos, aos 145, 158 e 178 DAE, respectivamente, segundo estudos de Savy Filho et al. (2007) e Fanan et al. (2009), com a mesma cultivar. As épocas de suspensão da irrigação correspondentes aos estádios E3, E4 e E5, que ocorreram aos 177, 196 e 220 DAS, quando a maturação dos frutos por ordem primária, secundária e terciária foi, em média, de mais de 90%, 70% e 70%, ou mais de 50% para todas essas ordens, aos 165, 190 e 215 DAS, respectivamente.

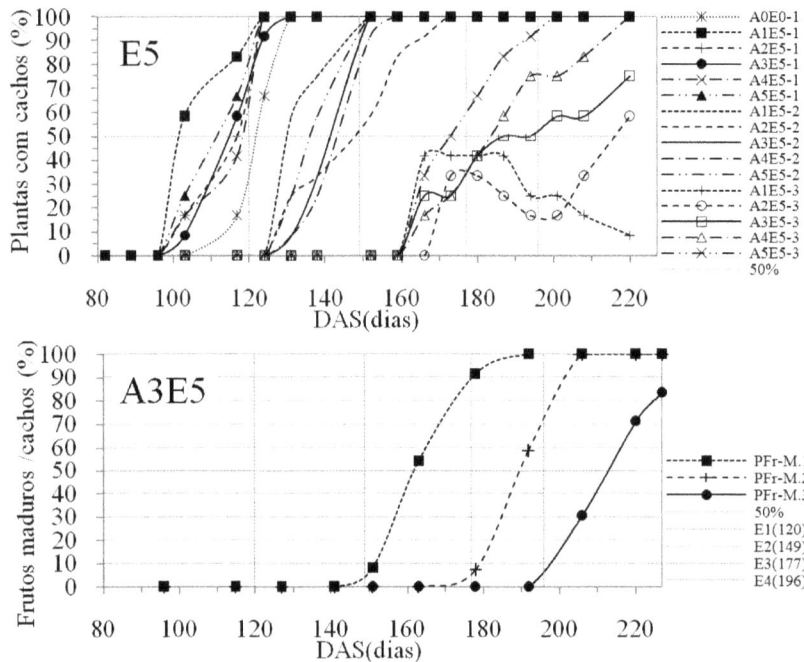

FIGURA 14 Porcentagem de plantas com inflorescências ou racemos primários, secundários e terciários, avaliadas nos tratamentos testemunha (A0E0) e combinações fatoriais dos níveis A1, A2, A3, A4 e A5, para a época de suspensão da irrigação E5 e curvas do percentual de frutos maduros (PFr.M1, PFr.M2 e PFr.M3) dessas respectivas ordens de racemos no tratamento A3E5, ao longo do ciclo, em dias após a semeadura (DAS). Lavras, MG, 2011.

4.2 Variáveis vegetativas de fitomassa e área foliar de A3E5

Na Tabela 3 encontram-se os resultados de área foliar específica com (AFE c/n) e sem nervura principal da folha (AFE s/n), determinados pelo método dos discos aos 120 DAS (13/7), por estrato inferior, médio e superior da planta (correspondentes aos respectivos terços da planta). Como esperado, observaram-se, para AFE s/n, os menores valores em relação à AFE c/n, ambas com baixas margens de erro (ME95% entre -5,15 e +5,15 cm^2g^{-1}) e coeficiente de variação (CV% entre 3,5% e 8,08%). Em média, independente do estrato da planta, a AFEs/n de valor médio de 179,4 $cm^2.g^{-1}$ foi 70% maior que a AFEc/n, de 105,5 cm^2g^{-1}. Contudo, ambas as AFEs tiveram tendência de aumento com as folhas dos estratos inferior, médio e superior da planta, observando-se valores médios de 177,8; 178,7 e 181,8 cm^2g^{-1}, para AFEs/n e de 103,2; 106,0 e 107,4 cm^2g^{-1}, para AFEc/n, respectivamente, com média geral com e sem nervura principal AFE de 142,47 cm^2g^{-1}. Esse aumento da AFE ao longo dos estratos da planta pode ser explicado, possivelmente, em razão da menor proporção de massa foliar por unidade de área das folhas mais novas que se concentram em maior número nos estratos superiores da planta e a diferença de 70% de AFEs/n em relação à AFEc/n, em razão do adicional de massa foliar por unidade de área quando se consideram suas nervuras.

TABELA 3 Área foliar específica (AFE) de folhas do estrato inferior, médio, superior e média por planta, com e sem a nervura central do folíolo principal, determinada pelo método dos discos, aos 120 DAS (13/7). Lavras, MG, 2011

Var.	AFE s/nervura central - Folha/Estrato				AFE c/nervura central - Folha/Estrato				Méd.G.
	inferior	médio	superior	Méd	inferior	médio	superior	Méd	
Rep.	............($cm^2 g^{-1}$)...........				............($cm^2 g^{-1}$)...........				
1	166,53	175,19	165,92	169,21	95,78	103,65	98,97	99,46	134,34
2	176,84	185,87	189,46	184,06	105	103,08	106,94	105,01	144,53
3	189,94	174,92	190,1	184,99	108,8	111,21	116,31	112,11	148,55
Méd.	177,77	178,66	181,83	179,42	103,19	105,98	107,41	105,53	142,47
±ME95%	±4,38	±2,33	±5,15	±3,3	±2,50	±1,69	±3,24	±2,37	±2,74
CV%	6,60	3,50	7,58	4,93	6,49	4,28	8,08	6,01	5,14

* ±ME95% margem de erro, a 95% de probabilidade; CV% coeficiente de variação em porcentagem.

Nas Figuras 15 e 16 são observadas as variáveis de crescimento da cultura, medidas no tratamento A3E5, ao longo do ciclo (DAS). Essas variáveis referem-se, na Figura 15, a número de folhas total observado (NFTo) e estimado por planta (NFTe) e matéria seca da parte aérea (MSPA), particionada em matérias seca do caule (MSC), matéria seca caulinar total, incluindo-se as inflorescências e racemos (MSCT) e matéria seca foliar (MSF).

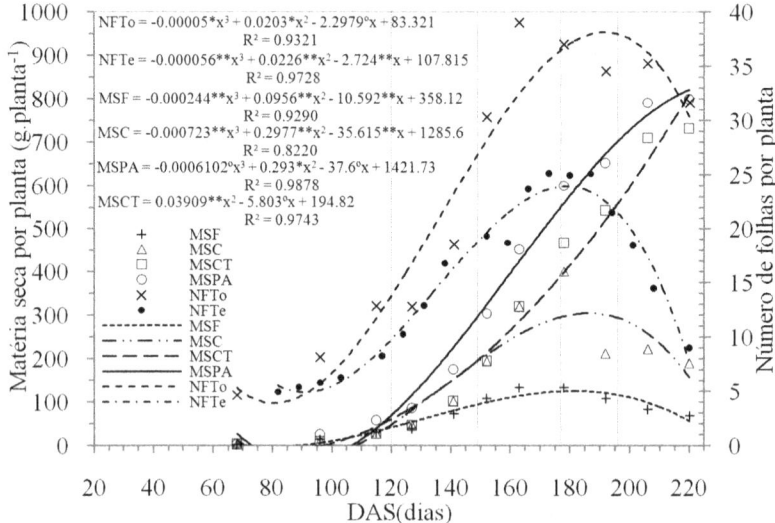

FIGURA 15 Curvas de crescimento da cultura no tratamento A3E5 relativas ao número total de folhas observadas (NFTo) e estimadas por planta (NFTe); matéria seca da parte aérea por planta (MSPA) dividida em caule (MSC), caulinar total exceto limbos foliares (MSCT) e limbos foliares (MSF), ao longo do ciclo, em dias após a semeadura (DAS). Observação: os símbolos ^{o},* e ** correspondem, respectivamente, às significâncias dos coeficientes de ajustes pelo teste t, a 10%, 5% e 1% de probabilidade. Lavras, MG, 2011.

Na Figura 16, referem-se à área foliar específica média (AFE) e aos índices de área foliar IAF, obtidos por dois métodos, IAFafe e IAFmd, por amostragem destrutiva e IAFmec, por amostragem expedita no campo não destrutiva. A superfície do limbo foliar por unidade de massa seca das folhas, ou seja, a área foliar específica (AFE), foi determinada durante os estádios da cultura e serve de avaliação da eficiência das folhas no processo de fotossíntese, deduzindo-se sua contribuição para o crescimento e/ou o desenvolvimento foliar no direcionamento de fotoassimilados (MAGALHÃES, 1986). Segundo Benincasa (2003), esse índice inicialmente mais elevado indica folhas pouco espessas, com pequena massa seca e área foliar.

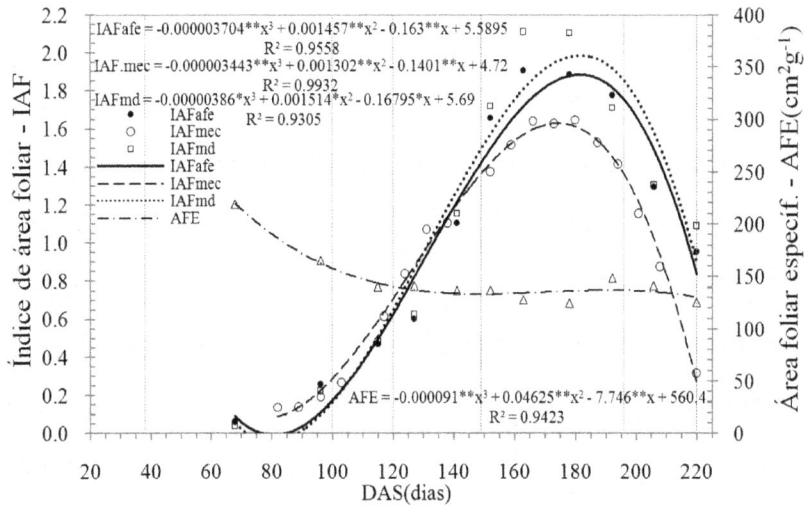

FIGURA 16 Curvas de área foliar específica (AFE) e índices de área foliar (IAF) estimados por amostragem destrutiva (IAFafe e IAFmd) e não destrutiva de folhas (IAFmec), no tratamento A3E5, ao longo do ciclo em dias após a semeadura (DAS). Observação: os símbolos * e ** correspondem, respectivamente, às significâncias dos coeficientes de ajustes pelo teste t, a 5% e a 1% de probabilidade. Lavras, MG, 2011.

Conforme gráfico da Figura 16, isso foi verificado durante os estádios iniciais da mamoneira até a fase de antese primária (E1) e, a partir daí e até o final do ciclo do tratamento referência (A3E5), estabilizou-se com ligeira queda após o estádio de maturação secundária (E4), no final do ciclo. Essa estabilização da AFE entre E1 e E4 pode ser justificada pelo aumento no número de folhas e/ou a expansão da área foliar, refletindo na maior capacidade fotossintética. Quanto à ligeira redução de AFE após E4, possivelmente, isso está ligado à senescência das folhas velhas, com emissão e/ou permanência de folhas novas. Na fase inicial da cultura, até os 86 DAS (Eo), às vésperas do surgimento das inflorescências primárias (96 DAS), fase I, correspondente a cerca de 40% do ciclo de cultivo de 220 DAS, observou-se (Figuras 15 e 16) que o crescimento foi muito lento, contendo, em média, cerca de 5 folhas.planta^{-1} (NFTo), matéria seca da parte aérea de 25 g planta^{-1} (MSPA), índice de área foliar de 0,1 (IAFafe), próximo da fração de cobertura (fc) também de 0,1 e área foliar específica de 178 cm^{2}g^{-1} (AFE). Esse comportamento inicial da cultura pode estar ligado à ambientação das mudas no campo, às condições climáticas do período de cultivo fora da época recomendada e/ou às características morfofisiológicas, preferencialmente, direcionadas nessa fase ao estabelecimento do sistema radicular da planta (BELTRÃO et al., 2005). Nessas condições de cultivo, considerando o espaçamento adotado e o período crítico de prevenção da interferência (PCPI), é possível que se faça, nesta fase inicial, o cultivo consorciado com outras culturas de valor econômico (tais como milho, feijão, girassol, cucurbitáceas, etc.) e ciclo mais precoce compatível com essa fase.

Após a fase I, iniciou-se a fase de crescimento ou fase II, observando-se o acentuado crescimento da parte vegetativa da cultura até próximo ao estádio de antese secundária, aos 149 DAS (E2), correspondente ao final dessa fase e, consecutivamente, o início da fase intermediária ou de produção, fase III. Nesta fase III, o crescimento ocorreu com rendimentos decrescentes até o estádio de maturação primária, aos 177 DAS (E3), estabilizando-se até atingir valores máximos estimados de 38 folhas-planta^{-1} (NFTo), IAFafe de 1,9, matéria seca foliar de 125 g.planta^{-1} (MSF) e matéria seca de caule máxima de 300 g planta^{-1} (MSC), encerrando-se esta fase no estádio de maturação terciária, aos 196 DAS (E4), quando teve início a fase final de senescência, fase IV, com acentuada redução do crescimento, até encerrar-se o ciclo, aos 220DAS, no estádio de maturação terciária (E5) (Figuras 15 e 16). Do início ao final dessa fase final (IV), ocorreu diminuição do NFTo de 38 para 30

71

folhas-planta^{-1}; do IAFafe, de 1,9 para 0,8; da MSF, de 125 para 57 g planta^{-1} e da MSC, de 300 para 160 gplanta^{-1}. Contudo, atingiu, ao final do ciclo (220 DAS), os valores máximos de matéria seca caulinar total de 810 g planta^{-1} (MSCT) e total da parte aérea (MSPA) de 834 g planta^{-1} (Figura 15). Já a AFE manteve-se praticamente constante, desde o estádio de antese primária aos 120 DAS (E1) até o final do ciclo de cultivo (E5), com média de 133 cm^{2}g^{-1} (Figura 16).

As fases I, II, III e IV tiveram duração de 86, 63, 47 e 24 dias, correspondentes a 39%, 29%, 21% e 11% do ciclo da cultura, sendo as duas primeiras fases de maiores duração (fases I e II), à semelhança do que foi relatado por Rios et al. (2011a), considerando o período de cultivo e os critérios adotados para a determinação dessas fases. Contudo, esses resultados são distintos dos tabelados por Allen et al. (1998) de ciclo de 180 dias e sendo as duas últimas fases de maiores duração (III e IV), com porcentagem das fases I, II, III e IV de 14%, 22%, 36% e 28%, respectivamente.

Cabe destacar que, do ponto de vista vegetativo, as fases I, II, III e IV não se distinguem umas das outras completamente, visto que, encerrada a fase vegetativa inicial (I), o crescimento vegetativo, assim como o reprodutivo, continua a ocorrer indefinidamente, enquanto houver disponibilidade de água e fertilidade do solo, condições meteorológicas favoráveis e controle de pragas e doenças.

As curvas das variáveis de fitomassa da cultura e número de folhas total por planta (NFT) foram bem ajustadas aos dados observados pelo polinômio de 3° grau, exceto para a MSCT de 2° grau, com coeficientes de determinação (R^2) das variáveis NFTo, NFTe, MSF, MSC, MSPA, MSCT e AFE de 93%, 97%, 93%, 82%, 99%, 97% e 94% e coeficientes significativos a, pelo menos, 10% de probabilidade, pelo teste t, respectivamente (Figura 15). Já os dados de índice de área foliar foram bem ajustados, sem exceção, pelo polinômio de 3° grau, com coeficientes de determinação (R^2) dos índices IAFafe, IAFmec e IAFmd de 95%, 97% e 93%, respectivamente e coeficientes significativos a, pelo menos, 5% de probabilidade, pelo teste t(*) (Figura 16).

Os valores referentes à fitomassa, estimados aos 86, 120, 149, 177, 196 e 220 DAS, correspondentes aos estádios Eo, E1, E2, E3, E4 e E5, foram, respectivamente, para o NFTo, de 7, 14, 27, 36, 38 e 30 folhas-planta^{-1}; para NFTe, de 5, 10, 19, 24, 22 e 8 folhas-planta^{-1}; para a MSF, de 11, 42, 95, 125, 117 e 57 g.planta^{-1}; para a MSC, de 11, 49, 197, 300, 398 e 160 g planta^{-1}; para a MSCT, de 11, 61, 198, 392, 552 e 810 g planta^{-1}; para a MSPA, de 25, 75, 306, 562, 713 e 834 g planta^{-1} e, para a AFE, de 157, 140, 132, 134, 134 e 126 cm^{2}g^{-1}.

Cabe notar a subestimativa do número de folhas estimadas (NFTe) em relação à observada em amostragem destrutiva (NFTo). Essa diferença se deu, provavelmente, porque, no processo de contagem no campo, eram prescindidas as folhas completas pequenas, eventualmente numerosas e escondidas dentro da copa da planta. Nos estádios Eo, E1, E2, E3, E4 e E5, os valores estimados de IAF obtidos pelos métodos de amostragem destrutiva (IAFafe e IAFmd) foram, respectivamente, para o IAFafe, de 0,10; 0,61; 1,40; 1,85; 1,72 e 0,81 e, para o IAFmd, de 0,10; 0,67; 1,51; 1,99; 1,87 e 0,92. Já os valores de IAF obtidos pelos métodos de amostragem não destrutiva (IAFmec) foram, respectivamente, e, para o IAFmec, de 0,10; 0,64; 1,36; 1,70; 1,47 e 0,35, nos respectivos estádios Eo, E1, E2, E3, E4 e E5 (Figura 16).

Kotz (2012) obteve IAF máximo para a mamoneira 'IAC 2028', na safrinha, abaixo de 3, valor este próximo ao obtido para a cultura da soja (HEIFFIG et al., 2006) sob população de plantas (0,45 m x 110.000 plantas ha^{-1}) e condições climáticas semelhantes à de Botucatu, SP (Cwa). Segundo Beltrão et al. (2007), o IAF da cultura da mamona em condições de sequeiro varia entre 2 e 4.

O IAF é um índice que expressa essa capacidade, variando de acordo com espécies vegetais, clima, estações do ano, estádios de desenvolvimento da planta e densidade de plantio entre outros fatores. A densidade de plantas afeta tanto o valor máximo do IAF atingido pela cultura quanto o período de tempo decorrido desde a emergência até a estabilização do crescimento e, consequentemente, a absorção da radiação solar incidente. Nos primeiros estádios, a área foliar é pequena e, por consequência, o IAF é baixo, acarretando grandes perdas de aproveitamento da radiação, atingindo diretamente maior fração do solo exposto (ANDRIOLO, 1999; HEIFFIG, 2002). Com o desenvolvimento da cultura e, consequentemente, da área foliar, a interceptação da radiação atinge um máximo, sem haver, ainda, problemas de sombreamento das folhas inferiores. Desse ponto em diante, quando começa ocorrer o autossombreamento, as folhas inferiores tornam-se deficitárias, em termos da fotossíntese líquida, tendendo à estabilização do acréscimo de matéria seca e área foliar. Monteiro (2005) avaliou o crescimento vegetativo da mamoneira sob diferentes espaçamentos e constatou sua influência sobre o tempo de fechamento entre ruas da cultura.

As estimativas do IAF pelos diferentes métodos utilizados não diferiram significativamente até os três primeiros estádios Eo, E1 e E2, até o final da fase II do tratamento A3E5, com valores estimados de 0,10; 0,69 e 1,42, respectivamente. Contudo, do estádio E3 ao final do ciclo de cultivo E5, os respectivos índices IAFafe foram subestimados pelos métodos de campo (IAFmec) e superestimados pelo método do disco (IAFmd). No estádio de maturação dos racemos primários (E3), o IAF estimado foi máximo e ficou em torno do IAFafe médio máximo de 1,85, sendo significativamente subestimado desse valor pelos IAFmec, de 1,70 e IAFafc, de 1,54 e sobrestimado pelo IAFmd, de 1,99. Nos estádios subsequentes de maturação secundária (E4) e final do ciclo com maturação terciária (E5), os respectivos índices estimados IAFafe, de 1,72 e 0,81, foram subestimados desses valores por IAFmfc de 1,58 e 0,39, IAFmec de 1,47 e 0,35, IAFafc de 1,31 e 0,31, e superestimados pelos IAF.md de 1,87 e 0,92, respectivamente.

Os valores observados de área foliar unitária obtida pelo método padrão (LI-3000) foram confrontados com os estimados por amostras destrutivas com o uso da foto (AFafe) e pelo método do disco (AFmd), assim como com os estimados por dois modelos matemáticos potenciais dependentes de duas b2 (AFb2) ou de uma a1 (AFa1) das medidas da folha (P e L) obtidas de avaliações expeditas no campo. Dessa forma, observou-se que AFa1 e AFmd superestimaram o método padrão em 10% (com coeficientes lineares b1 de 1,088 e 1,1039), especialmente para classes de área foliar maiores de 800 cm^2 e, para classes menores que esse valor, um erro médio subestimado de até -67 cm^2 (coeficientes do intercepto-y b0 de -67,423 e -41,98). Para a área foliar unitária estimada com o uso da foto por amostragem destrutiva (AFafe) e não destrutiva com o uso do modelo b2 (AFb2), observaram-se os melhores resultados, com subestimação média inferior a 4% (coeficientes b1 de 0,9636 e 0,9857), em todas as classes de folhas, com erro médio de concordância inferior a +8cm e -0,5 cm (coeficientes do intercepto-y b0 de +7,75 e -0,45), resultados esses também observados por Rios et al. (2011b).

Já, ao se confrontar os índices de área foliar obtidos com auxílio de amostras destrutivas (IAFafe e IAFmd), observou-se que houve um melhor ajuste da curva de IAFafe (R^2=96% e coeficientes significativos a 1%) em relação à curva de IAFmd (R^2=93% e coeficientes significativos a 5%), cuja maior diferenciação de valores ocorreu apenas aos 163, 178 e 220 DAS de avaliação (7ª, 8ª e 10ª avaliação). Isto se deve, possivelmente, à superestimação da área foliar obtida pelo método dos discos (AF.md), em comparação com os valores observados pelo método padrão (LI-3000), conforme Rios et al. (2011b). Assim, elegendo-se o IAFafe como referência, observou-se que as curvas de IAFmd, IAFmfc e IAFmec tiveram as melhores concordâncias em todo o ciclo da cultura, com IAFmd superestimando, IAFmfc e IAF subestimando a curva de IAFafe em, no máximo, cerca de 7% nas fases III e IV, respectivamente (Figura 16).

75

Por outro lado, apesar dos melhores ajustes (R^2 > 97% e coeficientes significativos a, pelo menos, 1%, dos índices por amostras não destrutivas IAFafc, IAFmfc e IAFmec, as curvas de IAFmfc e IAFmec tiveram as melhores concordâncias em relação à curva IAFafe e a curva de IAFafc subestimou-a a partir do estádio de máximo desenvolvimento até o final do ciclo (fases III e IV) em até 22% (Figura 16).

Por isso, essas subestimativas de IAFafc, IAFmec e IAFmfc em relação a IAFafe, nas duas últimas fases III e IV, possivelmente está ligada à menor frequência de avaliações na fase IV com relação aos índices IAFafc e IAFmfc, e, principalmente, à característica de abertura natural da folha em relação ao modo de estimativa da área foliar, obtida mediante o modelo matemático b2 ou com uso da foto, em amostras destrutivas ou não destrutivas. No campo, as folhas não se encontram totalmente abertas (planas) e, sim, parcialmente fechadas, à semelhança de guarda-chuva invertido, especialmente, as folhas mais novas dos estratos médio e superior da planta, nos estádios de maior desenvolvimento.

Em vista disso, verificou-se a subestimativa natural da área de uma folha obtida por amostragem não destrutiva sem alterar sua abertura e/ou extraí-la da planta em relação à destrutiva IAFafe. Nesse último caso, a folha era mensurada extraindo-se da inserção do pecíolo o limbo foliar que, em seguida, era totalmente apoiado sobre o plano do equipamento fotográfico e, dessa forma, a área mensurada com exatidão, conforme Rios et al. (2011b). Contudo, cabe ressaltar que o modelo b2 foi ajustado e validado para dimensões foliares obtidas com o uso de imagem em amostras destrutivas e que superestimou folhas pequenas em até 17,6%, conforme Severino et al. (2004) e Rios et al. (2011b). Portanto, a versatilidade de utilização do equipamento fotográfico no campo em amostras destrutivas é promissora, assim como seu uso para medir a área foliar diretamente na planta sem destruí-la. Entretanto, nesse caso, ainda requer aperfeiçoamentos com precisão e/ou acurácia,

76

cuidados operacionais e estudos de modelos de ajustes a essa condição natural de abertura da folha e sua distribuição por estrato na planta.

4.3 Variáveis vegetativas fenológicas dos tratamentos

As variáveis desse tópico são abordadas conforme itens abaixo relacionados.

4.3.1 Altura e número de plantas com ramos laterais

Na análise de variância (Tabela 2A) observou-se que os fatores lâminas (A) e época de suspensão da irrigação (E) influenciaram a altura de planta (HP) de modo dependente, com efeito significativo da interação do fatorial com a testemunha (Fat x Tes), dos fatores (AxE) e destes com o período de tempo do ciclo da cultura (AxExT). HP variou significativamente ao longo do ciclo da cultura (T), observando-se interação significativa com as lâminas (AxT) e épocas (ExT), conforme Tabelas 4A e 5A, assim como interação tripla (AxExT), conforme Tabelas 6A e 7a, com valores médios das curvas de cada fatorial nas Tabelas 8A e 9A. Os valores médios de HP, quando submetidos à análise de regressão (Tabela 3A, Figura 17), tanto em função de A quanto em função de E, indicaram, entre os três modelos testados, efeito linear positivo, significativamente ajustado, a 1% de probabilidade com R^2 entre 68% e 98% (Tabela3A, Figura 17).

Para os valores médios do número de plantas com ramos laterais (NPR), observou-se (Tabela 2A) que as lâminas (A) e as épocas (E) agiram de modo independente e que NPR teve ajuste linear positivo em função das lâminas (A) com coeficiente de determinação (R^2) de 69 (Figura 17). Em termos médios, HP aumentou linearmente com a maior lâmina (A), à taxa de 0,07cm/% (Figura 17), com os menores valores médios para HP de 30 cm, para o tratamento de sequeiro (A0E0 ou HP.tes).

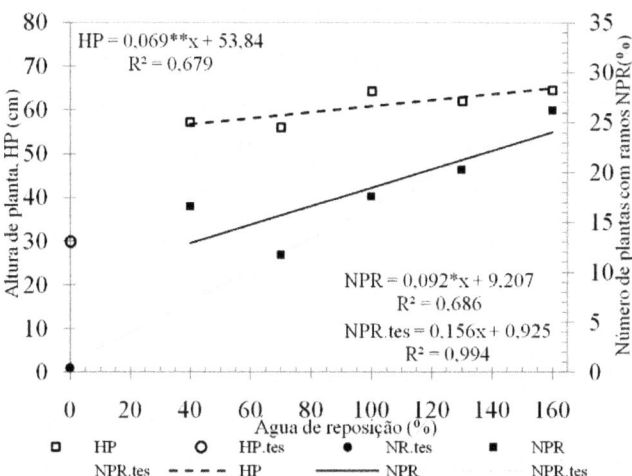

FIGURA 17 Média do número de plantas com ramos laterais (NPR) e altura de planta (HP), em função das lâminas de água de reposição (A). Os símbolos * e ** correspondem, respectivamente, às significâncias dos coeficientes de ajustes pelo teste t, a 5% e a 1% de probabilidade. Lavras, MG, 2011.

As curvas de ajuste dos valores médios altura HP tiveram bons ajustes com R^2, de 96% a 99%, significativos a 1% de probabilidade, segundo o modelo de 3° grau (Tabelas 6A e 7A), e os maiores valores médios de HP observados nos estádios Eo, E1, E2, E3, E4 e E5 foram de cerca de 18, 40, 72, 105, 112 e 114 cm, para o cultivo A4E4 e os menores para a testemunha, de 16, 26, 31, 39, 38 e 27 cm, respectivamente (Tabelas 8A e 9A). As curvas de ajuste dos valores médios do número de ramos ladrões NPR, ao longo do ciclo desdobrado por lâminas (T:A) e épocas (T:E), tiveram bons ajustes, com R^2 de 75% e 85%, significativos a 1% de probabilidade, segundo o modelo de 3° grau, com expressivos maiores valores para a curva de cultivo A5E5, e os menores, ou quase nulos, durante todo o ciclo, para a testemunha (NPR.tes) (Figura 18). Os maiores valores médios de NPR estimados nos estádios Eo, E1, E2, E3, E4 e E5 foram de 0%, 10%, 40%, 65%, 70% e 65%, para o cultivo com lâmina A5 e de 0%, 5%, 20%, 35%, 34% e 13%, para o cultivo com lâmina A2 (Figura 18).

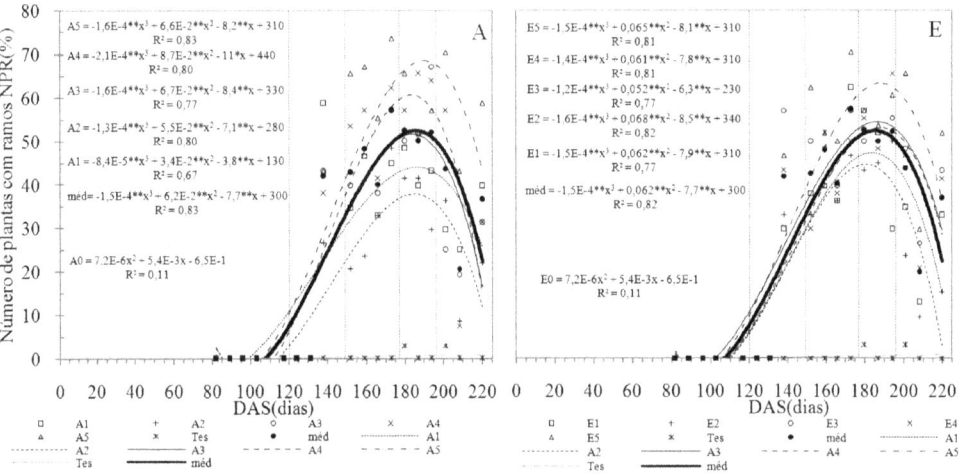

FIGURA 18 Valores médios do número de plantas com ramos laterais ou "ladrões" (NPR), com curvas ajustadas para as lâminas de água A0, A1, A2, A3, A4 e A5 (A) e para as épocas de suspensão da irrigação E0, E1, A2, E3, E4 e E5 (E), ao longo do ciclo, em dias após a semeadura (DAS). O símbolo ** corresponde à significância do coeficiente de ajuste pelo teste t, a 1% de probabilidade. Lavras, MG, 2011.

Esse comportamento com as maiores e excessivas lâminas (A5) de irrigação suspensa em épocas tardias (E5) é, possivelmente, indicativo de maior invertimento fisiológico da planta na parte vegetativa, comparativamente à produção, alternando, nesse sentido, o balanço fonte-dreno no aproveitamento dos fotoassimilados. Observou-se, para os tratamentos irrigados, que HP e NPR tiveram crescimento acentuado até o estádio E2, atingiram, sob incrementos decrescentes, os valores máximos até próximo do estádio E4 e, a partir desse estádio, tiveram um decréscimo acentuado até o final do ciclo (E5). Para as menores lâminas, épocas e/ou testemunha esse comportamento foi semelhante, porém, retardado e com crescimento menos acentuado durante o ciclo (Figura 18, Tabelas 8A e 9A).

4.3.2 Área foliar unitária por estratos e número de folhas por planta

Conforme a análise de variância (Tabela 2A), observou-se que os fatores lâminas (A) e época de suspensão da irrigação (E) agiram de modo independente em relação à variação da área foliar unitária dos estratos inferior (Ai), médio (Am) e superior da planta (As). As lâminas A influenciaram significativamente todas essas características, exceto As. As épocas de suspenção E, por sua vez, à exceção de Ai, influenciaram significativamente Am e As. Entretanto, todas essas características (Ai, Am, As) variaram significativamente ao longo do ciclo da cultura (T), observando-se também interação significativa com as épocas (ExT) e lâminas (AxT). Em termos médios, as dimensões foliares por estrato inferior, médio e superior e respectivas áreas de folha unitária Ai, Am e As reduziram-se observando-se um gradiente de área foliar decrescente com os estratos da copa da planta e um aumento linear dessas áreas foliares com o aumento das lâminas A, à taxa crescente de 0,97; 0,65 e 0,41 $cm^2/\%$, respectivamente (Figura 19). Considerando esses resultados, constata-se que a área foliar média unitária dessas três folhas por estrato da planta (Améd) atingiu taxa de crescimento de 0,68 $cm^2/\%$, próxima à área foliar do estrato médio (Am), oscilando simetricamente com os tratamentos, entre as áreas do estrato inferior (Ai) e superior (As). Para a lâmina de referência A3, os valores médios de Ai, Am e As foram de 686, 534 e 374 cm^2, respectivamente. Os valores médios dessas características, quando submetidos à análise de regressão, tanto em função de A quanto em função de E, ao longo do ciclo, indicaram, entre os três modelos testados, bons ajustes, com R^2 de 73% e 95%, significativos a 1% de probabilidade, segundo o modelo de 2º grau (Tabelas 4A e 5A).

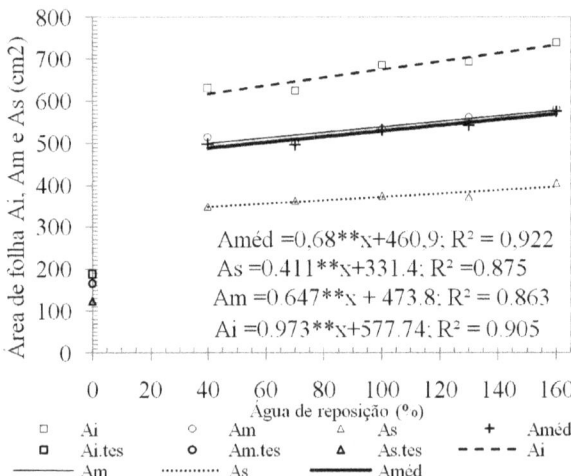

FIGURA 19 Medidas médias da área foliar unitária coletada nos estratos inferior (Ai), médio (Am) e superior (As); diâmetro menor (D1) e maior (D2) da copa e altura de planta (HP), em função das lâminas de água de reposição pela irrigação (A). O símbolo ** corresponde à significância do coeficiente de ajuste pelo teste t, a 1% de probabilidade. Lavras, MG, 2011.

Segundo a análise de variância (Tabela 10A), observou-se que os fatores lâminas (A) e época de suspensão da irrigação (E) agiram de modo independente em relação à variação do número de folhas por planta anteriores (NFA) e posteriores (NFP) à marcação e total (NFT). Todavia, todas essas características foram significativamente afetadas tanto pelas lâminas (A) quanto pelas épocas (E). Essas características também variaram significativamente ao longo do ciclo da cultura (T), observando-se interação significativa com as épocas (ExT) e lâminas (AxT). Os valores dessas características (NFA, NFP, NFT), em termos médios, quando submetidos à análise de regressão (Tabela 11A), tanto em função das lâminas (A) quanto das épocas (E), indicaram um ajuste linear simples, a 1% de significância, com coeficientes de determinação (R^2) entre 69% e 96%.

Na Figura 20 são observados os valores médios do número de folhas NFA, NFP e total NFT, este último composto pelo total dos dois primeiros, verificando que aumentaram linearmente com acréscimo da lâmina (A), a taxas médias crescentes de 0,003; 0,030 e 0,033 folhas/% e os menores valores médios observados ocorreram sem irrigação (testemunha).

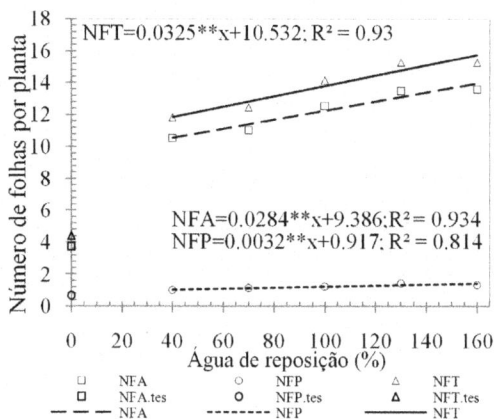

FIGURA 20 Médias do número de folhas anterior (NFA) e posterior (NFP) à marcação, total por planta (NFT) e respectivas medidas da testemunha (tes), em função das lâminas de água de reposição pela irrigação (A). O símbolo ** corresponde à significância dos coeficientes de ajustes, pelo teste t, a 1% de probabilidade. Lavras, MG, 2011.

Ao longo do ciclo da cultura, estádios (Eo, E1, E2, E3, E4 e E5) e/ou fases (I, II, III e IV) (Figura 21), o número de folhas jovens NFP, em fase adulta NFA e total NFT, tiveram, em termos médios, comportamento cúbico, sendo observado, para NFA e NFT, um aumento lento na fase I (Eo), seguido de um aumento acentuado na fase II (E2). Do final desta fase em diante, até o final da fase III (E4), NFA e NFT atingiram os valores máximos próximo do estádio E3 (177 DAS), estabilizando-se nessa fase. Em seguida, na fase final IV, a partir do estádio E4, observou-se acentuado decréscimo de NFA e NFT, até o final do ciclo (E5). Cabe destacar, além do comportamento semelhante entre as curvas de NFA e NFT, a redução progressiva da diferença entre elas de, aproximadamente, 43%, 16%, 7%, 5% e 0%, nos respectivos estádios E1, E2, E3, E4 e E5, expressando, portanto, para os estádios iniciais, uma elevada atividade meristemática apical convertida em folhas jovens e, para os estádios consecutivos finais da cultura, uma redução dessa atividade, com diferença quase que nula na fase IV, estádios E4 e E5 (Figura 21).

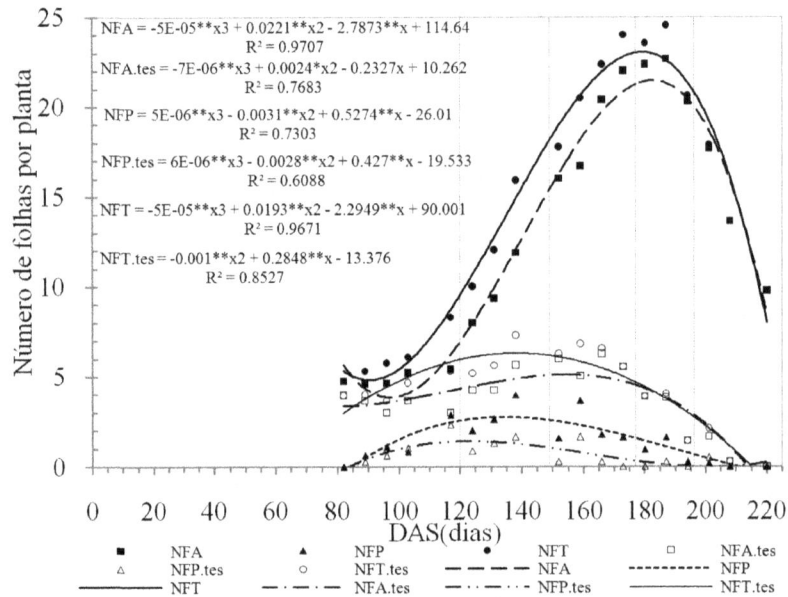

FIGURA 21 Curvas ajustadas aos valores médios do número de folhas anterior (NFA) e posterior (NFP) à marcação e total por planta (NFT), e respectivas medidas da testemunha (NFA.tes, NFP.tes e NFT.tes) ao longo do ciclo, em dias após a semeadura (DAS). Os símbolos * e ** correspondem às significâncias dos coeficientes de ajustes pelo teste t, a 5% e a 1% de probabilidade. Lavras, MG, 2011.

Os valores de NFT, em termos médios, estimados nos respectivos estádios Eo, E1, E2, E3, E4 e E5, foram de 5, 10, 19, 24, 22 e 8 folhas-planta[-1], sendo esses valores reduzidos para a testemunha com NFT máximo, aos 140 DAS, de 6 folhas-planta[-1] (Figura 21). As curvas de ajuste dos valores médios do número total de folhas NFT, ao longo do ciclo, desdobrados por lâminas (T:A) e épocas (T:E), tiveram bons ajustes, com R^2 de 95% e 99%, significativos a 1% de probabilidade, segundo o modelo de 3° grau (Tabelas 12A e 13A), com expressivos maiores valores para a curva de cultivos A4 e E5, e os menores, durante todo o ciclo, para a testemunha (NPR.tes). Com relação aos desdobramentos das épocas E1, E2, E3, E4 e E5 ao longo do tempo, as respectivas curvas de NFT (E) diferiram entre si significativamente e tiveram maiores valores máximos próximos do estádio E3 de 18, 20, 28, 25, 26 folhas-planta[-1], com o aumento das épocas de suspensão da irrigação, apresentando o maior NFT máximo à época de suspensão E3, seguida da época E5. Já com relação ao número total de folhas NFT em função das lâminas (A) ao longo do tempo, o maior valor máximo estimado de 27 folhas-planta[-1] foi atingido para a lâmina A4 no estádio E3, que foi ligeiramente superior ao valor máximo de 26 folhas-planta[-1], obtido com a lâmina A5, seguido de 24, 20 e 19 folhas-planta[-1], obtidos com as lâminas A3, A2 e A1, respectivamente, nesse estádio. Esse comportamento com as maiores e excessivas lâminas de irrigação A4 e A5 suspensa em épocas tardias (E5), assim como o número de ramificações laterias (NRP), é, possivelmente, mais um indicativo do maior invertimento fisiológico da planta na parte vegetativa, comparativamente à produção, no aproveitamento dos fotoassimilados.

4.3.3 Índice de área foliar e fração de cobertura do solo

Conforme a análise de variância (Tabela 10A), observou-se que os fatores lâminas (A) e época de suspensão da irrigação (E) agiram de modo independente em relação à variação do índice de área foliar (IAF) e fração de cobertura (fc), sendo, todavia, afetados significativamente tanto pelas lâminas (A) quanto pelas épocas (E). Essas características também variaram significativamente ao longo do ciclo da cultura (T), observando-se interação significativa com as épocas (ExT) e as lâminas (AxT). Os valores de fc obtidos conforme Rios et al. (2011a) e IAF estimado segundo metodologia aqui posposta, em termos médios, quando submetidos à análise de regressão (Tabela 11A), tanto em função das lâminas (A) quanto em função das épocas (E), indicaram um ajuste linear simples, a 1% de significância, com coeficientes de determinação (R^2) entre 87% e 96%. Os valores de IAF indicaram também ajuste cúbico em relação às lâminas (A), significativo a 30% de probabilidade e R^2 de 99,9%, com ponto de inflexão na lâmina de referência A3. Dessa forma, foram observados incrementos crescentes com lâminas menores que A3 e, a partir dessa lâmina, para maiores lâminas excedentes à capacidade de campo, os incrementos se deram de forma decrescente, até atingir o máximo IAF com a maior lâmina A5. Esse comportamento indica que a lâmina de referência (A3), possivelmente, é uma condição de transição entre o crescimento e o decrescimento vegetativo de IAF (Figura 22). Conforme gráfico da Figura 22, observou-se que, em termos médios, a fração de cobertura fc, obtida conforme Rios et al. (2011a), teve um crescimento linear com as maiores lâminas (A), à taxa de 0,083%/%, tendo o menor valor de fc sido observado na testemunha.

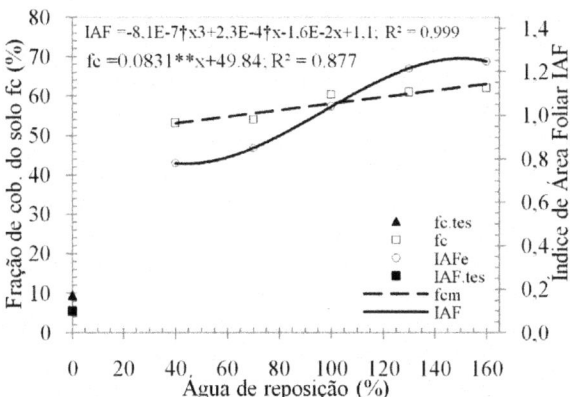

FIGURA 22 Médias da fração de cobertura do solo (fc), índice de área foliar estimado (IAF) e respectivas medidas da testemunha (tes), em função das lâminas de água de reposição pela irrigação (A). Os símbolos † e ** correspondem, respectivamente, às significâncias dos coeficientes de ajustes, pelo teste t, a 30% e a 1% de probabilidade. Lavras, MG, 2011.

Os índices IAF ao longo do ciclo da cultura, em termos médios (Figura 23), tiveram comportamento semelhante aos valores médios da fração de cobertura do solo (fc), com alta correlação, principalmente nas fases I e II, e moderada após a fase III, com redução mais acentuada da curva de IAF em relaçao à curva de fc na fase de senescência, fase IV. Para a testemunha foi observada uma maior correlação entre IAF e fc (IAFe.tes e fc.tes), durante todo o ciclo.

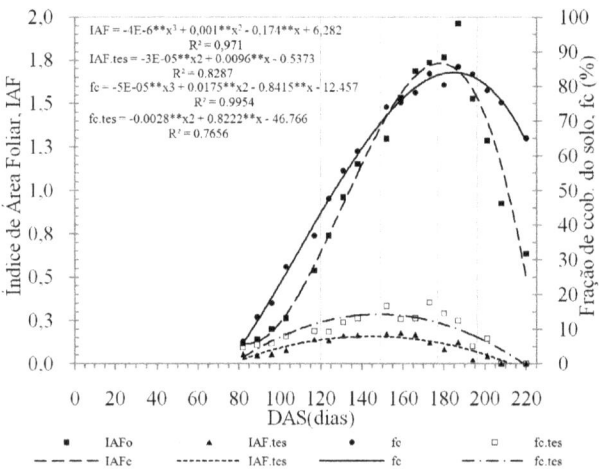

FIGURA 23 Curvas ajustadas aos valores médios de fração de cobertura do solo (fc) e índice de área foliar (IAF) e respectivas curvas para a testemunha (tes), ao longo do ciclo, em dias após a semeadura (DAS). O símbolo ** corresponde à significância dos coeficientes de ajustes pelo teste t, a 1% de probabilidade. Lavras, MG, 2011.

As frações de cobertura fc média para os estádios Eo, E1, E2, E3, E4 e E5 foram, respectivamente, de 10%, 43%, 70%, 85%, 80% e 65%, sendo máxima de 85% aos 180 DAS, no estádio de maturação primária (E3), indicando que, para atingir fc de 100% de cobertura da área útil, a população de 11.111,1 plantas ha⁻¹ sob espaçamento de 1,2 x 0,75 m poderia ter sua produtividade aumentada com o aumento dessa população de plantas em até 17,65% e/ou redução do espaçamento para 1,0 x 0,75cm. As curvas de ajuste dos valores médios do índice de área foliar (IAF) e fração de cobertura (fc) ao longo do ciclo, desdobrados por lâminas (T:A) e épocas (T:E), tiveram bons ajustes por todos os modelos testados, sendo significativos a 1% de probabilidade e os maiores R^2 entre 90% e 99%, segundo o modelo de 3º grau (Tabelas 12A e 13A), com expressivos maiores valores para as curvas de cultivos A4 e A5, e os menores, durante todo o ciclo, para a testemunha (Figura 24).

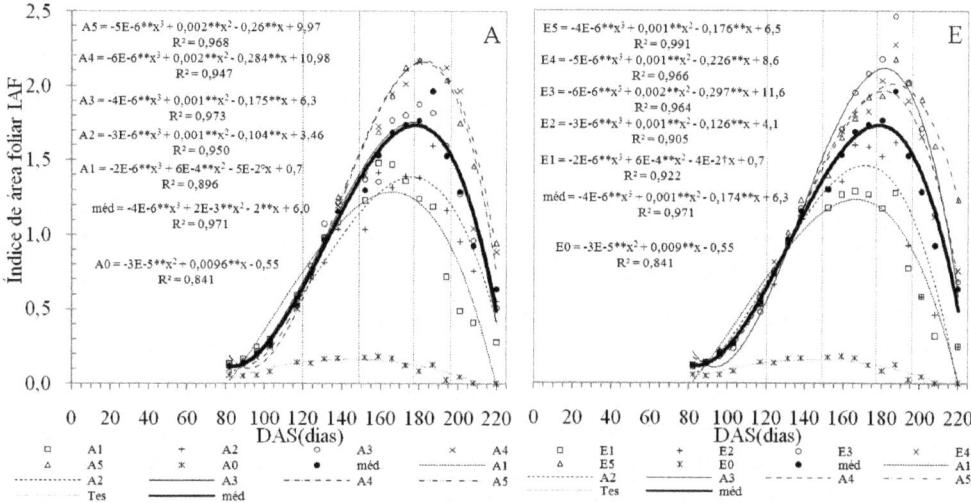

FIGURA 24 Curvas ajustadas aos valores médios do índice de área foliar estimado (IAF), obtidas com o desdobramento das lâminas de água A0, A1, A2, A3, A4 e A5 (A) e épocas de suspensão da irrigação E0, E1, E2, E3, E4 e E5 (E), ao longo do ciclo em dias, após a semeadura (DAS). O símbolo ** corresponde à significância dos coeficientes de ajustes pelo teste t, a 1% de probabilidade. Lavras, MG, 2011.

Nos estádios Eo, E1, E2, E3, E4 e E5 do tratamento referência (A3E5), respectivamente, aos 86, 120, 149, 177, 196 e 220 DAS, os valores médios de IAF obtidos pela metodologia com o uso do equipamento fotográfico em amostras destrutivas (IAFafe) foram de 0,10; 0,61; 1,40; 1,85; 1,72 e 0,81. Já os obtidos pelo método não destrutivo, com o uso de régua graduada e modelo matemático IAF (IAFmec), foram de 0,10; 0,64; 1,36; 1,70; 1,47 e 0,35, nos respectivos estádios Eo, E1, E2, E3, E4 e E5, semelhantes aos obtidos pela média geral entre todos os tratamentos fatoriais (Figuras 23 e 24, A).

Conforme se observa na Figura 24A, até cerca de 10 dias antes do estádio E2, os valores médio do IAF não diferiram com as lâminas (A), à exceção da testemunha

(A0). A partir daí, tiveram maiores incrementos de área foliar segundo o aumento das lâminas A0, A1, A2, A3, A4 e A5, atingindo, aos 140, 165, 177, 180 e 185 DAS, os valores máximos de 0,15; 1,20; 1,30; 1,70; 2,00 e 2,05 e mínimos, ao final do ciclo (E5), de 0,0; 0,10; 0,25; 0,35; 0,45 e 0,65, respectivamente. Comportamento semelhante ocorreu com relação às épocas de suspensão da irrigação E1, E2, E3, E4 e E5 os IAF, porém, com destaque para o maior IAF máximo, obtido no estádio E3, com a época E3 (Figura 24E). Cabe ressaltar o comportamento semelhante do IAF e do número total de folhas ao longo do ciclo, em função das lâminas (A) ou épocas de suspensão da irrigação (E), e o IAF máximo igual a 2 no estádio E3 corresponde a 69% do IAF da cultura de referência da ETo (IAF = 2,88), conforme Allen et al. (1998).

As curvas de desdobramentos da fração de cobertura do solo fc, ao longo do ciclo para cada lâmina (A0, A1, A2, A3, A4 e A5) e época de suspensão da irrigação (E0, E1, E2, E3, E4 e E5), tiveram bons ajustes pelos modelos testados (Tabelas 12A e 13A), com melhor ajuste cúbico aos dados médios. De forma semelhante ao comportamento do IAF e do NFT, as curvas de fc em todos os cultivos tiveram, à exceção da testemunha (A0 ou E0), aumento com valores muito próximos até o início da fase III no estádio E2. A partir desse estádio, com o aumento da disponibilidade hídrica dos fatores, seja pelo fator volumétrico das lâminas, Ai, seja pelo fator temporal das épocas de suspensão da irrigação, Ei, as curvas de fc foram diferenciadas com decréscimos até os maiores valores máximos de 71%, 75%, 81%, 86% e 89%, ocorridos entre os estádios E3 e E4 e os mínimos de 50%, 60%, 65%, 70% e 78%, ao final do ciclo (E5), para A1, A2, A3, A4 e A5, respectivamente.

Ressalta-se que, após o estádio E2, ainda que de forma decrescente, a parte vegetativa da cultura expressa pelo número de folhas (NFT), índice de área foliar (IAF) ou fração de cobertura (fc) foi mais pronunciada, permanecendo mais vigorosa por mais tempo, com o aumento das lâminas de água (Ai) e/ou das épocas de

89

suspensão da irrigação (Ei) dos cultivos. Cabe investigar se essa maior expressão da parte vegetativa ocorrida com os maiores níveis desses fatores A e/ou E converte-se diretamente em máxima produtividade da cultura.

4.4 Variáveis componentes de produção dos tratamentos

O resumo dos valores médios das componentes de produção por ordem de racemos primários (PRP), secundários (PRS), terciários (PRT) e total da cultura (PT); número de racemos primários (NRP), secundários (NRS), terciários (NRT) e total por planta (NTR) em função dos fatores lâmina (A) e época de suspensão da irrigação (E) encontram-se em anexo (Tabelas 19A e 20A), assim como tabelas de análises estatísticas (Tabelas 14A, 15A, 16A, 17A e 18A), sendo expostos, nesta seção, apenas os resultados na forma de gráficos (Figuras 25 a 27).

4.4.1 Número de racemos

Na análise de variância observou-se que entre os fatores lâmina (A) e época (E) não existiu interação (AxE) para nenhuma das variáveis anteriormente especificadas, NRP, NRS, NRT e NTR. Entretanto, independentemente, lâminas A e épocas E afetaram significativamente o número de racemos total por planta (NTR) (Tabela 15A).

Os valores médios das componentes de produção número de racemos por ordem e planta (NRP, NRS, NRT e NTR), quando submetidos à análise de regressão (Figura 25), tanto com o aumento dos níveis do fator A quanto dos níveis do fator E, indicaram efeito linear positivo do número de racemos total e de todas as ordens (exceto a primária, NRP).

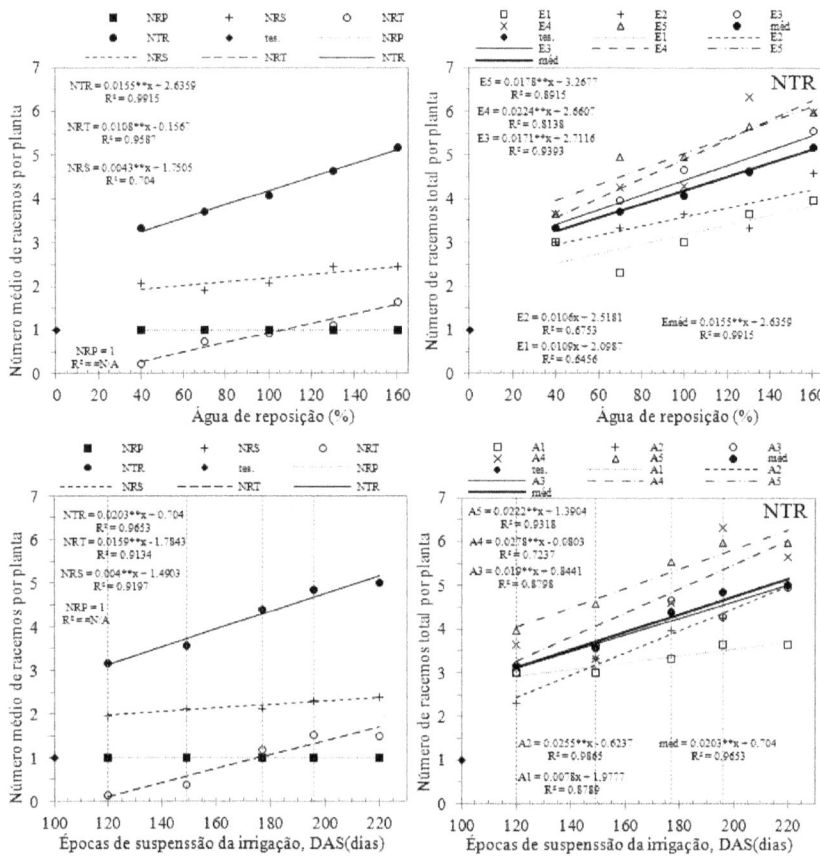

FIGURA 25 Número de racemos primário (NRP), secundários (NRS), terciários
(NRT), total por planta (NTR) médios em função das lâminas de água A0,
A1, A2, A3, A4 e A5 (gráficos acima) e épocas de suspensão da irrigação
E0, E1, E2, E3, E4 e E5 (gráficos acima) e seus respectivos
desdobramentos para NTR (gráficos da direita). O símbolo ** corresponde
à significância do coeficiente de ajuste pelo teste t, a 1% de probabilidade.
Lavras, MG, 2011.

Com relação ao efeito médio do fator lâmina (A) sobre o número de racemos

NRS, NRT e total NTR (Figura 25), observou-se um aumento linear crescente com o

aumento das lâminas (A), às taxas de 0,004; 0,011 e 0,015 (racemos-planta^{-1})/%, respectivamente, com destaque para a maior resposta da ordem terciária (0,011) ao aumento das lâminas (A) em relação às demais ordens. Já para o número total de racemos (NTR) com desdobramentos (Tabela 15A, Figura 25) das lâminas dentro de cada época (A:E1, A:E2, A:E3, A:E4 e A:E5), observaram-se, para NTR, os maiores valores (6 racemos-planta^{-1}), obtidos com a maior lâmina (A5) e respostas (às taxas de 0,022 e 0,018) nos desdobramentos das lâminas com suspensão da irrigação nas épocas E4 e E5 (A:E4 e A:E5). Por outro lado, de forma semelhante, o efeito médio do fator época (E) sobre NRS, NRT e total NTR (Figura 25) teve aumento linear crescente com o aumento das épocas (E), às taxas de 0,004, 0,016 e 0,020 (racemos-planta^{-1})/dia, respectivamente, destacando-se a maior taxa de resposta dos racemos terciários (0,016) com o aumento das épocas (E) em relação às demais ordens. Para o número total NTR com desdobramentos (Figura 25) das épocas dentro de cada lâmina, observaram-se, para NTR, os maiores valores (6 racemos-planta^{-1}), obtidos com a maior época aos 220 DAS (E5) e respostas (às taxas de 0,028 e 0,022) nos desdobramentos das épocas com as lâminas A4 e A5 (E:A4 e E:A5).

4.4.2 Produtividades de grãos particionada

Os valores médios da produtividade de grãos, por ordem de racemos primários (PRP), secundários (PRS), terciários (PRT), primária e secundária (PRP.S) e total da cultura (PT) são apresentados nas Tabelas 19A e 20A. Os resultados da análise de variância dessas variáveis revelaram não existir interação significativa entre os fatores lâmina de água (A) e época de suspensão da irrigação (E), indicando, portanto, que não existe nenhum antagonismo ou sinergismo entre eles. Contudo, variaram significativamente em função das lâminas de água (A) ou das épocas de suspensão da irrigação (E), à exceção de TU e PRP.

Com relação ao efeito médio do fator A sobre as produtividades PRP e PRT, observou-se que ambas aumentaram linearmente com o aumento das lâminas de irrigação, sendo a ordem terciária mais responsiva à maior disponibilidade de água do que a primária, às taxas de 1,25 e 2,48 kg ha^{-1}/ %. Em média, as lâminas de 40%, 70%, 100%, 130% e 160% estimaram PRP de 889, 927, 964, 1.001 e 1.039 kg ha^{-1} e PRT de 0, 14, 28, 42 e 56 kg ha^{-1} (Figura 26).

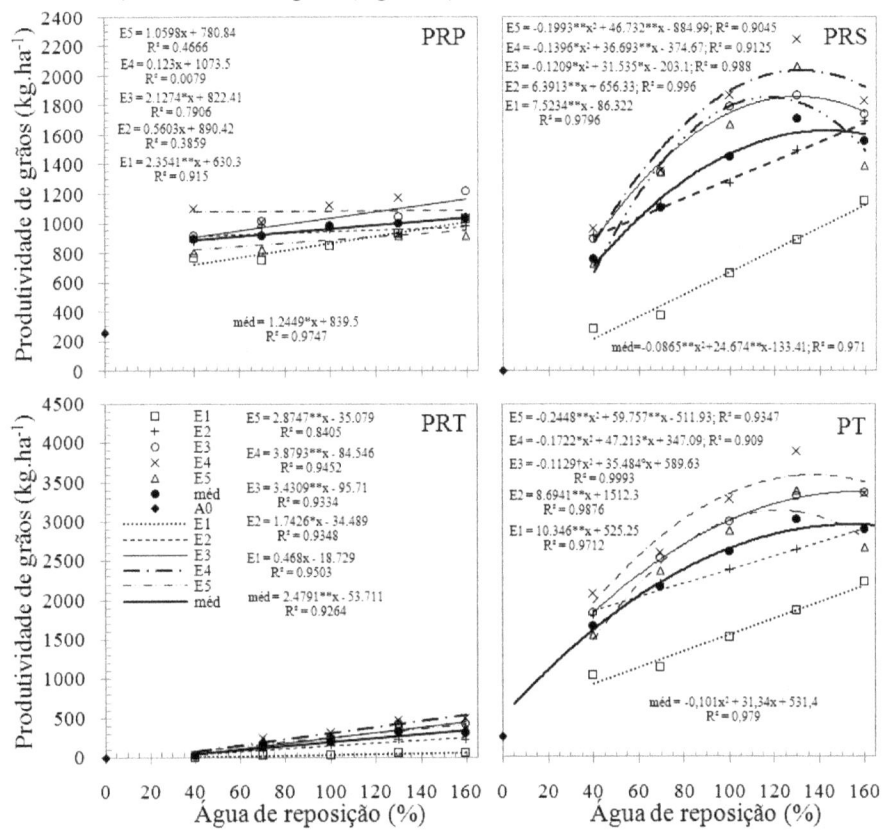

FIGURA 26 Valores médios da produtividade de grãos a 10%Ubu, por ordem primária (PRP), secundária (PRS), terciária (PRT), total da cultura (PT) e da testemunha (tes), em função das lâminas de água, em porcentagem (A), dentro das épocas de suspensão da irrigação E1, E2, E3, E4, E5 e efeito médio (Eméd). Os símbolos †, °, * e ** correspondem, respectivamente, às significâncias dos coeficientes de ajustes, pelo teste t, a 20%, 10%, 5% e 1% de probabilidade. Lavras, MG, 2011.

Cabe ainda destacar a tendência observada no gráfico (Figura 26) de estimativa da PRP para a lâmina de 157 mm, próxima da média obtida (259 kg ha^{-1}) com o cultivo de sequeiro (173 mm). Para o efeito médio para as produtividades PRS, PRPS e PT, além do efeito linear a taxas de 7,38; 8,63 e 11,10 kg ha^{-1}/%, observou-se um aumento quadrático decrescente com o aumento das lâminas (A), sendo os menores valores estimados obtidos na lâmina de 40% (715, 1.602 e 1.623 kg ha^{-1}) e os maiores, na lâmina de A5 (1.600, 2.637 e 2.956 kg ha^{-1}) (Figura 26). Com relação aos desdobramentos dos níveis do fator A dentro de cada E, observou-se, para a PRP, efeito linear positivo com o aumento das lâminas somente dentro das épocas E1 e E3 (A:E1 e A:E3), às taxas significativas de 2,35 e 2,13 kg ha^{-1}/% (Figura 26). Ressalta-se que, no desdobramento A:E1 do fator A (40%, 70%, 100%, 130% e 160%), foram obtidos os menores valores estimados de PRP (721, 795, 866, 936 e 1.007 kg ha^{-1}) e, no desdobramento A:E3, os maiores de (908, 971, 1.035, 1.039 e 1.163 kg ha^{-1}), destacando-se que, com maior aplicação de água até a maturação primária (A5E3), a PRP estimada foi 1,61 vez maior (1.163 kg ha^{-1}) que a obtida (721 kg ha^{-1}) com menor aplicação de água até a antese primária (A1E1), e 4,49 vezes a obtida com a produção de sequeiro (259 kg ha^{-1}).

Para a PRT, observou-se o efeito linear crescente em todos os desdobramentos do fator A dentro de cada nível do fator E e, com as maiores lâminas aplicadas para todos os desdobramentos A:E1; A:E2; A:E3; A:E4 e A:E5, observaram-se as maiores PRT para a maior lâmina, de 160% (56, 244, 453, 536 e 425 kg ha^{-1}), à semelhança da PRP, entretanto, com destaque para os maiores valores de PRT (70, 187, 303, 419 e 536 kg ha^{-1}), à taxa de 3,88 kg ha^{-1}/%, obtidos no desdobramento A:E4, com o aumento das lâminas. O maior valor da PRT foi estimado no tratamento A5E4 (536 kg ha^{-1}), sendo 26% superior à PRT (425 kg ha^{-1}) estimada com o manejo dessa mesma lâmina de 160%, até a suspensão da irrigação ao final do ciclo (A5E5) (Figura

26). Para as produtividades PRS e PT, além do efeito médio linear a taxas de 7,38 e 11,10 kg ha^{-1}/%, sendo os menores valores estimados à lâmina de 40% (715 e 1.623 kg ha^{-1}) e os maiores à lâmina A5 (1.600 e 2.956 kg ha^{-1}), observou-se, para essas produtividades, um aumento quadrático decrescente com o aumento das lâminas de água (Figura 26).

Com relação às produtividades PRS e PT, observaram-se, para todos os desdobramentos A:E1; A:E2; A:E3; A:E4 e A:E5, um efeito linear crescente, além de um efeito quadrático decrescente com o aumento das lâminas de água (A) apenas para os desdobramentos A:E3, A:E4 e A:E5, ressaltando-se que, para a PT do desdobramento A:E3, os coeficientes quadrático e linear do modelo foram significativos a 15% e a 5% e, nos demais desdobramentos, a, pelo menos, 5%.

Comparando-se os desdobramentos de efeito linear apenas (A:E1 e A:E2), foram observados os maiores valores estimados de produtividade PRS e PT com o aumento das lâminas para a suspensão da irrigação após o estádio de antese secundária (A:E2). Para esse desdobramento (A:E2), as PRS estimadas com o aumento das respectivas lâminas foram de 912, 1.104, 1.295, 1.487 e 1.679 kg ha^{-1} (à taxa de 6,39 kg ha^{-1}/%) e, do mesmo modo, as PT foram de 1.860, 2.121, 2.382, 2.643 e 2.903 kg ha^{-1} (à taxa de 8,69 kg ha^{-1}/%), sendo estas últimas cerca de 98%, 70%, 53%, 41% e 33% maiores que as estimadas para essas lâminas no desdobramento de suspensão da irrigação na antese primária (A:E1), respectivamente (Figura 26).

Já, quando comparados entre si apenas os desdobramentos de efeito quadrático das lâminas A:E3, A:E4 e A:E5 para as produtividades PRS e PT, foram observados os maiores valores estimados com o aumento das lâminas com a suspensão da irrigação após o estádio de maturação secundária (A:E4), seguido dos respectivos valores para os desdobramentos A:E3 e A:E5, nessa ordem (Figura 26).

Com relação à produtividade PRS estimada para o desdobramento A:E4, os maiores valores estimados com o aumento das lâminas (40%, 70%, 100%, 130% e

160% A3) foram de 870, 1.510, 1.899, 2.036 e 1.922 kg ha⁻¹ (Figura 26); seguidas do mesmo modo para o desdobramento A:E3, com as PRS estimadas de 865, 1.412, 1.741, 1.852 e 1.748 kg ha⁻¹. Por sua vez, para o desdobramento A:E5, com as PRS estimadas de 665, 1.410, 1.795, 1.822 e 1.490 kg ha⁻¹, respectivamente, à exceção da menor PRS estimada do tratamento A3E3 (1.741 kg ha⁻¹) em relação à do A3E5 (1.795 kg ha⁻¹) que, certamente, foi favorecida pelo maior período de irrigação. Já com relação à produtividade total PT estimada para o desdobramento A:E4, os maiores valores estimados com o aumento das lâminas de 283, 342, 401, 460 e 519 mm (40%, 70%, 100%, 130% e 160%A3, respectivamente) foram de 1.960, 2.808, 3.346, 3.575 e 3.493 kg ha⁻¹. Do mesmo modo, para o desdobramento A:E3, com o aumento das lâminas (265, 311, 357, 403 e 449 mm) as PT estimadas foram de 1.828, 2.520, 3.009, 3.295 e 3.377 kg ha⁻¹ e, por sua vez, para o desdobramento A:E5, com o aumento das lâminas (292, 357, 423, 489 e 554 mm), as PT estimadas foram de 1.487, 2.472, 3.016, 3.119 e 2.782 kg ha⁻¹, respectivamente, à exceção da menor PT estimada do tratamento A3E3(3.009 kg ha⁻¹) em relação à do A3E5(3.016 kg ha⁻¹) que, certamente, foi favorecida pelo maior período de irrigação.

Com essas produtividades estimadas nos desdobramentos A:E1, A:E2, A:E3, A:E4 e A:E5, destacaram-se os grandes incrementos lineares de produtividade total (PT) com o aumento das lâminas de água aplicadas até a antese secundária (A:E2) e a expressiva resposta e maior contribuição das duas primeiras ordens (PRP e PRS) com maior lâmina aplicada até esse estádio A5E2 (351mm) atingindo cerca de 96% (PRP + PRS de 2.659 kg ha⁻¹) da PT (2.782 kg ha⁻¹) obtida com essa lâmina aplicada durante todo o ciclo (A5E5 ou 554 mm), conforme Figura 26. Já para as suspensões da irrigação após os estádios de maturação de cada ordem de racemos (E3, E4 e E5), observaram-se as maiores produtividades total (PT) com as maiores lâminas de irrigação (Figura 26) próxima da capacidade de campo (130%A3) e expressivas resposta e contribuição das duas últimas ordens de racemos (Figura 26), particularmente a secundária (PRS) (Figura 26). Contudo, para as maiores reposições hídricas (A4 e A5) combinadas aos maiores períodos de irrigação para além do estádio de maturação secundária (E4 e E5), assim como para as menores reposições (A0, A1 e A2) combinadas às menores épocas de suspensão da irrigação para aquém do estádio de antese secundária (Eo, E1 e E2), observou-se redução da eficiência de uso da água (EUA) e de produtividade total (PT), ressaltando-se as maiores EUA, de 8,43 e 8,34 kg ha^{-1}mm^{-1} (ou 843 e 834 gm^{-3}) à produtividade total PT de 3.009 e 3.346 kg ha^{-1}, respectivamente, obtidas com as lâminas de 357 e 401 mm, para a manutenção da umidade do solo na capacidade (A3) associada às suspensões da irrigação na maturação primária (A3E3) e secundária (A3E4).

Em vista disso, destaca-se como crítica a suspensão da disponibilidade hídrica no estádio de antese das inflorescências secundárias (E2), assim como a significativa perda de produtividade das duas primeiras ordens mais produtivas (PRP+PRS) com a maior restrição hídrica do solo (A0, A1 e A2). Isso pode ser constatado comparando-se as produtividades PRP+PRS de 259, 939, 1.235, 1.825, 2.033, 1.532 e 2.242 kg ha^{-1}, estimadas para os tratamentos de sequeiro A0E0 e fatoriais de maior restrição hídrica A1E1, A1E2, A2E1, A2E2, A3E1 e A3E2, respectivamente. Assim, para os tratamentos A3E2 e A0E0, diferenciados pela restrição hídrica temporal de 50 dias entre os estádios Eo e E2 e/ou lâmina complementar de 123 mm (A3-A0), observou-se que a produtividade de sequeiro (259 kg ha^{-1}) foi superada em 8,66 vezes pela PRP+PRS estimada em A3E2 (2.242 kg ha^{-1}), em 3,62 vezes pela PRP+PRS estimada no cultivo A1E1 (939 kg ha^{-1}), diferenciado pelo estresse hídrico de 20 dias (E1-E0) e/ou da lâmina de 43 mm (A1-A0). Por sua vez, a produtividade de A1E1 foi superada, em 31%, pela PRP+PRS estimada no cultivo A1E2 (1.235 kg ha^{-1}), diferenciado apenas pelo estresse hídrico de 30 dias (E2-E1) e/ou da lâmina de 25 mm (A1E2- A1E1).

Diante do exposto, ressalta-se a importância da maior disponibilidade hídrica no solo nos estádios iniciais (Eo, E1 e E2), particularmente, garantida até o estádio de antese secundária (E2) e a significativa importância (91%PT) da produtividade das ordens primária e secundária frente à produtividade terciária (9%PT) que compõe a produção total da cultura (PT) apenas no estádio final do ciclo. Portanto, observa-se que, com o manejo da irrigação próxima da capacidade de campo (100%A3) e a suspensão no estádio de antese secundária E2 (A3E2), pode ser obtida razoável PRP+PRS de 2.242 kg ha^{-1}, consideradas a lâmina aplicada de 296 mm e a colheita antecipada para o estádio de maturação dos frutos secundários aos 196 DAS (E4), sob condições experimentais semelhantes.

Contudo, a máxima produtividade total PT estimada de 3.575 kg ha^{-1}, com contribuição média de cerca de 37%, 54% e 9% PT, relativa à ordem primária (PRP), secundária (PRS) e terciária (PRT), conforme Figura 26, foi obtida com a aplicação da lâmina de água de 460 mm para a manutenção da umidade do solo próxima da capacidade de campo (130%A3) e suspensão da irrigação após o estádio de maturação secundária (A4E4). Cabe ressaltar a importância significativa de 91% da produtividade total (PT), relativa às duas primeiras ordens, primária (PRP) e secundária (PRS).

Com relação ao efeito médio do fator E sobre as produtividades PRP, PRS, PRT e PT, observou-se, para todas essas variáveis, um aumento quadrático decrescente com o aumento das épocas de suspensão da irrigação (E), além de um aumento linear crescente com esse aumento (E), à exceção da produtividade PRP, sendo a ordem secundária (PRS) mais responsiva aos maiores períodos irrigados do que a terciária (PRT), a taxas de 7,99 e 2,54 kg ha^{-1}/dia (Figura 27). Em média, com as épocas de suspensão da irrigação nos estádios E1, E2, E3, E4 e E5, os valores estimados de PRP foram de 806, 951, 989, 958 e 852 kg ha^{-1}; para PRS, foram de 669, 1.280, 1.572, 1.604 e 1.450 kg ha^{-1}; para PRT, foram de 17, 165, 249, 274 e 267 kg ha^{-1}; para PRP+PRS, foram de 1.510, 2.275, 2.613, 2.618 e 2.365 kg ha^{-1} e para PT foram de 1.528, 2.441, 2.863, 2.893 e 2.634 kg ha^{-1}, respectivamente (Figura 27).

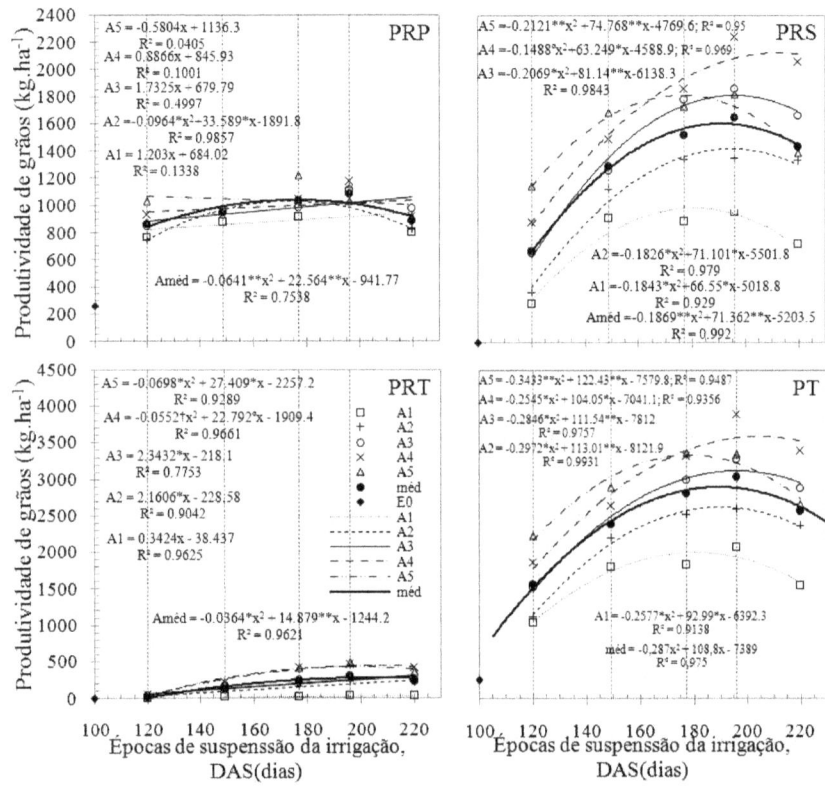

FIGURA 27 Valores médios da produtividade de grãos a 10%Ubu, por ordem de racemos primários (PRP), secundários (PRS), terciários (PRT), total da cultura (PT) e da testemunha (tes), em função das épocas de suspensão da irrigação (E), em dias após a semeadura (DAS), dentro das lâminas de água A1, A2, A3, A4, A5 e efeito médio (Améd). Os símbolos †, °, * e ** correspondem, respectivamente, às significâncias dos coeficientes de ajustes, pelo teste t, a 20%, 10%, 5% e 1% de probabilidade. Lavras, MG, 2011.

Em média, os menores valores de produtividade PRP, PRS, PRT, PRP+PRS e PT, de 806, 669, 17, 1.510 e 1.528 kg ha^{-1}, respectivamente, foram estimados com a suspensão da irrigação após E1. Para a PRP, o máximo valor de 989 kg ha^{-1} foi estimado com a suspensão da irrigação após E3, enquanto para PRS, PRT, PRPS e PT foram estimados com a suspensão da irrigação após E4, com os valores de 1.604, 274, 2.618 e 2.893 kg ha^{-1}, respectivamente (Figura 27).

Com relação ao efeito do desdobramento dos níveis do fator E dentro de cada nível do fator A (Figura 27), observou-se, para a PRP, o efeito quadrático decrescente com o aumento das épocas de suspensão da irrigação apenas para a lâmina de irrigação A2(E:A2), à semelhança do efeito médio, não sendo observado, para nenhum dos demais desdobramentos (E:A1, E:A3, E:A4 e E:A5), efeito entre os modelos testados. Já para a PRT, observou-se um efeito linear crescente com aumento da época de suspensão da irrigação para as lâminas dos desdobramentos E:A2, E:A3, E:A4 e E:A5, às taxas de 2,16; 2,34; 4,01 e 3,75 kg ha^{-1}dia^{-1}, à exceção da lâmina de A1(E:A1) e, adicionalmente, para as maiores lâminas excessivas A4 (E:A4) e A5 (E:A5), os maiores valores de PRT sob efeito quadrático decrescente com as épocas de suspensão, Ressalta-se que, para o desdobramento E:A4, os coeficientes quadrático e linear do modelo foram significativos, a 15% e a 5%, e, nos demais desdobramentos, a, pelo menos, 5% (Figura 27). Assim, com o aumento do período irrigado E1, E2, E3, E4 e E5 aplicado às lâminas A4 e A5 (E:A4 e E:A5), os maiores valores estimados foram bastante próximos, observando-se, para o desdobramento E:A4, os valores de 31, 261, 395, 437 e 433 kg ha^{-1}, respectivamente, destacando-se a maior PRT, de 437 kg ha^{-1}, com a suspensão da irrigação A4 (A4E4).

Observou-se, para as produtividades PRS, PRP+PRS e PT, o efeito quadrático decrescente com o aumento das épocas de suspensão da irrigação (E) dentro de cada lâmina de água (E:A1; E:A2; E:A3; E:A4 e E:A5), sendo, para o desdobramento E:A4, as produtividades PRS e PRP+PRS com os coeficientes quadrático e linear do

100

modelo significativos a 10% e a 5% e, nos demais desdobramentos, a, pelo menos, 5% (Figura 27). Também foi observado o efeito linear crescente dessas produtividades (PRS, PRP+PRS e PT) com o aumento das épocas de suspensão da irrigação (E) dentro das lâminas de água A2, A3 e A4 (E:A2, E:A3 e E:A4). Assim, para os desdobramentos E:A2, E:A3 e E:A4, observaram-se, para PRS, taxas de 9,2; 11,0 e 12,8 kg ha^{-1}dia^{-1}; para PRP+PRS, taxas de 10,10; 12,33 e 13,68 kg ha^{-1}dia^{-1} e, para a PT, taxas de 12,26; 15,08 e 17,77 kg ha^{-1}dia^{-1}, respectivamente, destacando-se, em todas elas, como sendo mais responsiva, a lâmina próxima da capacidade de campo (A4) de desdobramento E:A4.

Com relação ao efeito quadrático dos desdobramentos E:A1, E:A2, E:A3, E:A4 e E:A5, os valores de produtividade PRP+PRS estimada com o aumento das épocas de suspensão da irrigação E1, E2, E3, E4 e E5 no desdobramento E:A1 foram de 1.055, 1.727, 1.968, 1.903 e 1.557 kg ha^{-1} (Figura 27); no desdobramento E:A2. foram de 1.152, 2.011, 2.396, 2.408 e 2.135 kg ha^{-1}; no E:A3, de 1.458, 2.329, 2.776, 2.858 e 2.706 kg ha^{-1}; no E:A4, de 1.748, 2.549, 3.004, 3.135 e 3.094 kg ha^{-1} e, no E:A5, de 2.141, 2.763, 2.927, 2.794 e 2.344 kg ha^{-1}, respectivamente.

Do mesmo modo, os valores de produtividade PRS estimados no desdobramento E:A1 foram de 313, 806, 987, 945 e 702 kg ha^{-1} (Figura 27); no E:A2, de 401, 1.038, 1.362, 1.419 e 1.303 kg ha^{-1}; no E:A3, de 619, 1.358, 1.742, 1.817 e 1.699 kg ha^{-1}; no E:A4, de 858, 1.532, 1.944, 2.092 e 2.124 kg ha^{-1} e, no E:A5, de 1.148, 1.662, 1.819, 1.737 e 1.414 kg.ha^{-1}, respectivamente.

Já para a produtividade total PT estimada no desdobramento E:A1, foram de 1.056, 1.742, 1.993, 1.934 e 1.593 kg ha^{-1} (Figura 27); no E:A2, de 1.160, 2.118, 2.570, 2.611 e 2.356 kg ha^{-1}; no E:A3, de 1.475, 2.489, 3.014, 3.117 e 2.952 kg ha^{-1}; no E:A4, de 1.780, 2.812, 3.403, 3.576 e 3.532 kg ha^{-1} e, no E:A5, de 2.168, 3.041, 3.335, 3.228 e 2.739 kg ha^{-1}, respectivamente.

Cabe destacar que, para cada um desses desdobramentos (E:A1; E:A2; E:A3; E:A4 e E:A5), as menores produtividades PRS, PRP+PRS e PT, de 313, 1.055 e 1.056 kg ha^{-1}, respectivamente, foram estimadas com a menor lâmina e período de irrigação (A1E1), contudo, foram superadas em 124%, 48% e 51% (Figura 27), pelas respectivas produtividades (702, 1.557 e 1.593 kg ha^{-1}), estimadas com a maior lâmina aplicada nesse período (A5E1). Ainda deve-se destacar, para os desdobramentos de menor lâmina (E:A1), a tendência de estimativa de PRP, PRP+PRS e PT de 284, 258 e 246 kg ha^{-1}, aos 85, 98 e 98 DAS, respectivamente, aproximadas da obtida no cultivo de sequeiro (259 kg ha^{-1}) com a suspensão da irrigação aos 100 DAS (E0), próximo do estádio de estabelecimento da cultura, aos 86 DAS (Eo) (Figura 27).

Por outro lado, a produtividade máxima PRS, PRP+PRS e PT, nos desdobramentos de menor e maior lâmina de irrigação, E:A1 e E:A5, foi estimada para a época de suspensão da irrigação E3, sendo, para a menor lâmina sob essa suspensão (A1E3), estimados os menores valores máximos dessas produtividade, de 987, 1.968 e 1.993 kg ha^{-1}, respectivamente, superadas em 84%, 49% e 67%, pelos valores máximos estimados (1.819, 2.927 e 3.335 kg ha^{-1}), para a maior lâmina suspensa nessa época (A5E3) (Figura 27). Para os demais desdobramentos, E:A2, E:A3 e E:A4, a máxima produtividade PRS, PRP+PRS e PT estimada foi obtida com a suspensão da irrigação E4, sendo, para a lâmina de A2 (A2E4), de 1.419, 2.408 e 2.611 kg ha^{-1}; para a lâmina A3 (A3E4), de 1.817, 2.858 e 3.117 kg ha^{-1} e, para a lâmina de A4 (A4E4), de 2.092, 3.135 e 3.576 kg ha^{-1}, respectivamente (Figura 27).

Comparando-se os desdobramentos E:A1; E:A2; E:A3; E:A4 e E:A5, para estimativa das produtividades máximas de PRS, PRP+PRS e PT (2.092, 3.135, 3.576 kg ha^{-1}) destacou-se o desdobramento E:A4, com a suspensão da irrigação na maturação secundária (A4E4). Resumindo, as máximas produtividades estimadas com as melhores combinações A1E3, A2E4, A3E4, A4E4 e A5E3 corresponderam, em relação à melhor entre elas (A4E4), para PRS, em 47%, 68%, 87%, 100% e 87% de 2.092 kg ha^{-1}; para PRP+PRS, corresponderam a 63%, 77%, 91%, 100% e 93% de 3.135 kg ha^{-1} e, para PT, corresponderam a 56%, 73%, 87%, 100% e 93% de 3.576 kg ha^{-1}, estimados para A4E4, respectivamente.

Com esses resultados de produtividade, à semelhança do desdobramento do fator A, destacaram-se, com o máximo ganho de produtividade primária e secundária (PRP+PRS, 3.135 kg ha^{-1}) e total da cultura (PT, 3.576 kg ha^{-1}), assim como de eficiência de uso da água (681 e 777 gm^{-3}), a lâmina total acumulada de 460 mm no ciclo, o manejo da irrigação A4E4 com suspensão no estádio de maturação secundária (E4) e a aplicação da lâmina de reposição de 130% da lâmina A3(LBI) adotada para a manutenção da umidade do solo próxima da capacidade de campo. Dessa forma, considerando, entre outros, os parâmetros adotados para o estabelecimento da lâmina considerada ótima 100%A3, à fração de esgotamento (f = 0,62), conclui-se que, para uma razoável equivalência entre a lâmina ótima adotada A3 (100%LBI) e a real observada A4 (130%A3), a fração de esgotamento pode ser proporcionalmente reduzida de 0,62 para, aproximadamente, 0,5 (ou a tensão crítica de 26 para 17 kPa), valor esse recomendado para culturas semelhantes, como o café (ALLEN et al.,1998).

Além disso, destacou-se, como crítica por restrição, a suspensão da disponibilidade hídrica do solo anterior ao estádio de antese secundária (E2), com significativas perdas de produtividade das ordens primária e secundária (PRP+PRS) e eficiência de uso da água (EUA), especialmente quando associada às menores lâminas de irrigação (A1 e A2). Por outro lado, destacou-se como crítica por excesso, a suspensão da disponibilidade hídrica do solo após o estádio de maturação secundária (E4), com redução considerável de produtividade de ordem primária e secundária (PRP+PRS) e total (PT), assim como das respectivas eficiências de uso da água (EUA), especialmente quando associada às lâminas de irrigação excessiva (A4 e

103

A5). Vale ainda ressaltar, além desse tipo de manejo da irrigação com a maior disponibilidade possível de água nos estádios iniciais (A3E2, A4E2 e A5E2), a importância da coincidência desses estádios com as estações do ano de maior disponibilidade de chuvas (ou do planejamento do calendário agrícola) e das previsões agroclimáticas (e/ou de safra) com as condições adversas de estiagem (veranicos) que, por vezes, especialmente para o cultivo de sequeiro (A0E0), causam prejuízos à economia agrícola. Do mesmo modo, se torna importante, para os maiores ganhos de produtividade e/ou economia de água, a suspensão da irrigação no estádio de maturação secundária (A3E4).

4.5 Considerações finais

Com base nos resultados e nas observações experimentais vivenciadas com este estudo verificou-se: a) a importância produtiva das duas primeiras ordens de racemos (primários e secundários); b) a influência constante da fase vegetativa sobre a fase reprodutiva ao longo de todo o ciclo da planta (especialmente com a maior disponibilidade hídrica nos estádios de formação dos últimos cachos, secundários e terciários) e; c) o grande potencial produtivo da cultura se considerado a competitividade da cultura associada às técnicas de aumento de produtividade e redução de ciclo produtivo.

A competividade da cultura e/ou seu potencial produtivo pode ser alcançado empregando tecnologia de produção adequada, particularmente: priorizando o cultivo de cultivares mais precoce (melhoramento genético) e o aumento da população de planta por hectare associado ao ganho de produtividade e à colheita dos racemos de produção mais significativos (primários e secundários); definindo-se os estádios fenológicos da cultura (à semelhança do milho, feijão, soja, etc.) e suas exigências em água (níveis disponíveis no solo), períodos críticos de deficiência hídrica (entre estádios) e nutricionais (nitrogênio, boro..., p. ex.), entre outros fatores de produção e; conhecendo-se como esses fatores (níveis de água no solo e períodos críticos, nitrogênio e boro, principalmente) se interagem e afetam o equilíbrio fisiológico fonte-dreno entre a parte vegetativa e reprodutiva da cultura para os maiores ganhos de produção.

A metodologia desenvolvida com o uso de imagens digitais para estimativa do IAF em campo por amostragem destrutiva e não destrutiva pode ser aprimorada empregando-se as relações alométricas empíricas entre o tamanho de projeção da copa (fc) e o índice de área foliar (IAF), assim como, métodos ainda mais práticos de contagem das folhas e estudos futuros que verifique a representatividade de uma ou mais folhas amostradas por cada estrato (1/3) da copa da planta em relação à área média unitária da distribuição normal estratificada por tamanho. Adicionalmente, estudos futuros complementares podem ser realizados com o fatorial entre água e nitrogênio (AxN), água e boro (AxB) e, particularmente, entre AxP de diferentes lâminas de água (Ai) e períodos de suspensão da irrigação entre dois estádios fenológicos consecutivos (Pi) para determinar o(s) período(s) crítico(s) de estresse hídrico da cultura e/ou a(s) lâmina(s) ótima correspondente(s) que promovam a maior produtividade da cultura.

5 CONCLUSÕES

Consideradas as condições experimentais em que se realizou este trabalho e as análises e discussões apresentadas, chegou-se às seguintes conclusões:

1) a caracterização dos estádios consecutivos Eo, E1, E2, E3, E4 e E5 foi adequada à definição das fases I, II, III e IV, encerradas ao atingir a fração de cobertura do solo (fc) de 10% (Eo), antese da ordem secundária de inflorescência (E2), maturação da ordem secundária (E4) e terciária de frutos (E5), respectivamente;

2) as lâminas A1, A2, A3, A4 e A5 de 40%, 70%, 100%, 130% e 160% da lâmina de referência (A3) corresponderam aos respectivos níveis de esgotamento de água no solo (f) de 0,81; 0,67; 0,52; 0,43 e 0,33, destacando-se, entre estes, com máxima produtividade e capacidade evapotranspirométrica da cultura (ETc), o fator f de 0,43, à tensão crítica de 14kPa;

3) a ETc média dos estádios Eo, E1, E2, E3, E4 e E5 de 1,1; 1,9; 2,5; 3,3; 3,4 e 2,7 mmd^{-1}, correspondentes aos respectivos coeficientes da cultura (Kc) médios de 0,45; 0,87; 0,87; 0,87; 0,80 e 0,66, evoluíram à taxas crescentes com as lâminas, com ETc máxima à lâmina A5 e a taxas decrescentes com o aumento das consecutivas épocas suspensão da irrigação, observadas as maiores taxas em E3 e E4 associadas às lâminas A4 e A5;

4) as curvas do índice de área foliar (IAF) obtidas pelos diferentes métodos de amostragens destrutiva e não destrutiva se mostraram coerentes com os vários estádios fenológicos da cultura, precisos e promissores para a estimativa desse índice, destacando-se os métodos indiretos que utilizaram medidas com régua, fotografias digitais, contagem de folhas e amostragem simples de três folhas por estrato ou apenas uma folha do estrato médio da planta pode ser suficiente;

5) o aumento dos fatores água e época de suspensão da irrigação afetou de forma independente o desenvolvimento vegetativo, as componentes de produção e as produtividades da cultura, por ordem de racemos de forma linear e/ou quadrática crescente, exceto altura de planta (HP), que expressou interação desses dois fatores;

6) as variáveis HP, fc, IAF, número de ramificações laterais (NPR), número de folhas maduras e juvenis foram afetadas pelo fator água e/ou época de suspensão da irrigação, observando-se a máxima expressão da parte vegetativa da planta com a máxima lâmina e época de suspensão da irrigação (A5E5);

7) a fase intermediária, III, entre os estádios de antese e maturação secundária (E2 a E4), de forma geral, foi a mais afetada pelos níveis dos fatores estudados;

8) o máximo IAF atingido na fase III (E3) com a lâmina A4 correspondeu a 69% do IAF da cultura de referência da evapotranspitação de referência (ETo), enquanto a fração de cobertura do solo atingiu máximo de 85%, indicando possibilidade de aumento desse índice e/ou da população de plantas;

9) as produtividades por ordem de racemos aumentaram com aumento da lâmina de água e época de suspensão da irrigação, observado o efeito quadrático para o aumento desta e, para o aumento daquela, o efeito quadrático para a produtividade secundária e total;

10) a produtividade primária, secundária e terciária em relação à total (PT) se manteve, nos tratamentos irrigados, nas respectivas proporções de 37%, 54% e 9%, e a máxima PT média de 3.882 kg ha^{-1} foi obtida com lâmina de 460 mm, resultante de A4E4 de fração f de 0,43 e irrigação suspensa no estádio de maturação secundária (E4);

REFERÊNCIAS

ALBUQUERQUE, P. E. P.; KLAR, A. E.; GOMIDE, R. L. Estimativa da evapotranspiração máxima do feijoeiro (Phaseolus vulgaris L.) em função do índice de área foliar e da evaporação da água do tanque Classe A. **Revista Brasileira de Agrometeorologia**, Santa Maria, v. 5, n. 2, p. 183-187, 1997.

ALLEN, R. G. et al. **Crop evapotranspiration**: guidelines for computing crop water requirements. Rome: FAO, 1998. 297 p. (FAO. Irrigation and Drainage Paper, 56).

AMARAL, J. A. B do; SILVA, M. T.; BELTRÃO, N. E. de M. **Zoneamento agrícola da mamona no Nordeste Brasileiro safra 2005-2006. Estado da Bahia**. Campina Grande: Embrapa Algodão, 2005. 8 p. (Comunicado Técnico, 256).

ANDRADE JÚNIOR, A. S. de et al. Coeficientes de cultivo da mamoneira em sistema monocultivo e consorciado com feijão-caupi. In: CONGRESSO BRASILEIRO DA MAMONA, 3., 2008, Campina Grande. **Anais**...Campina Grande: Embrapa Algodão, 2008. 1 CD-ROM.

ANDRADE JÚNIOR, A. S. de; KLAR, A. E. Produtividade da alface em função do potencial matricial de água no solo e níveis de irrigação. **Horticultura Brasileira**, Brasília, v. 14, n. 1, p. 27-31, maio 1996.

ANDRIOLO, J. L. **Fisiologia das culturas protegidas**. Santa Maria: UFSM, 1999. 142 p.

AZEVEDO, D. M. P. de; LIMA, E. F.; BATISTA, F. A. S. **Recomendações técnicas para o cultivo da mamoneira (Ricinus communis L.) no Brasil**. Campina Grande: Embrapa-CNPA, 1997. 52 p. (Circular Técnica, 25).

AZEVEDO, D. M. P. de et al. Manejo cultural. In: AZEVEDO, D. M. P. de; LIMA, E. F. (Ed.). **O agronegócio da mamona no Brasil**. Brasília: Embrapa Informação Tecnológica, 2001. Cap. 6, p. 121-160.

AZEVÊDO, C. L. L. et al. **Sistema de produção de citros para o Nordeste**. Recursos Hídricos e Irrigação. (Sistemas de Produção, 16). Cruz das Almas: Embrapa Mandioca e Fruticultura, 2003. Disponível em: <http://sistemasdeproducao.cnptia.embrapa.br/FontesHTML/Citros/CitrosNordeste/ir rigacao.htm>. Acesso em: 5 set. 2010.

BARROS JUNIOR, G. et al. Consumo de água e eficiência do uso para duas cultivares de mamona submetidas a estresse hídrico. **Revista Brasileira de Engenharia Agrícola e Ambiental**, Campina Grande, v. 12, n. 4, p. 350–355, 2008.

BELTRÃO, N. E. de M.; CARDOSO, G. D. **Informações sobre o sistema de produção utilizados na ricinocultura na região nordeste, em especial o semi-árido e outros aspectos ligados a sua cadeia.** Campina Grande: Embrapa Algodão, 2006. 6 p. (Comunicado Técnico, 213).

BELTRÃO, N. E. de M. **Crescimento e desenvolvimento da mamoneira (Ricinus communis L.).** Campina Grande: Embrapa-CNPA, 2002. (Comunicado Técnico, 146).

BELTRÃO, N. E. de M. et al. Ecofisiologia. In: AZEVEDO, D. M. P. de; BELTRÃO, N. E. de M. (Ed.). **O agronegócio da mamona no Brasil**. 2. ed. rev. e ampl. Campina Grande: Embrapa Algodão/Brasília: Embrapa Informação Tecnológica, 2007. p. 45-72.

BELTRÃO, N. E. de M.; OLIVEIRA, M. I. P.; FIDELES FILHO, J. **Estimativa da respiração de uma comunidade de plantas, via valores primários (área foliar e fitomassa).** Campina Grande: Embrapa Algodão, 2008 (Circular Técnica).

BELTRÃO, N. E. de M. et al. Estimativa da produtividade primária e participação de assimilados na cultura da mamona no semi-árido brasileiro. **Revista Brasileira de Oleaginosas e Fibrosas**, Campina Grande, v. 9, n. 1/3, p. 925-930, jan./dez. 2005.

BELTRÃO, N. E. de M. et al. Fitologia. In: AZEVEDO, D. M. P. de; LIMA, E. F. (Ed.). **O agronegócio da mamona no Brasil.** Brasília: Embrapa Informação Tecnológica, 2001. Cap. 2, p. 37-62.

BELTRÃO, N. E. de M. Mamoneira e seu cultivo no nordeste brasileiro: excelente opção para a agricultura familiar, em especial no Estado da Paraíba. **Bahia Agrícola**, Salvador, v. 4, n. 2, p. 21-22, nov. 2001.

BELTRÃO, N. E. de M.; SILVA, L. C. Os múltiplos usos do óleo da mamoneira (*Ricinus communis* L.) e a importância de seu cultivo no Brasil. **Revista Brasileira de Oleaginosas e Fibrosas,** Campina Grande, v. 1, n. 1, p. 73-79, 1997.

BELTRÃO, N. E. de M. **Sistema de produção de mamona em condições irrigadas:** considerações gerais. Campina Grande: Embrapa Algodão, 2004. 14 p. (Comunicado Técnico, 132).

BENINCASA, M. M. P. **Análise de crescimento de plantas**. Jaboticabal: FUNEP, 1988. 42 p.

BENINCASA, M. M. P. **Análise de crescimento de plantas:** noções básicas. 2. ed. Jaboticabal: FUNEP, 2003. 41 p.

BERGAMASCHI, H. **Fenologia**. Porto Alegre: UFRGS, 2004. (Texto Didático).

BERNARDO, S.; SOARES, A. A.; MANTOVANI, E. C. **Manual de irrigação**. 7. ed. Viçosa, MG: UFV, 2005. 611 p.

BRASIL. Ministério da Agricultura, Pecuária e Abastecimento. Secretaria de Defesa Agropecuária. **Regras para análise de sementes**. Brasília, 2009. 399 p.

BRASIL. Ministério da Agricultura, Pecuária e Abastecimento. Secretaria de Política Agrícola Departamento de Gestão de Risco Rural. Coordenação Geral de Zoneamento Agropecuário. **Zoneamento Agrícola para a cultura de mamona no Estado da Bahia, ano-safra 2006/2007**. Portaria nº 145, de 18 de julho de 2006. Disponível em: <www.seagri.ba.gov.br/Zoneamento-Mamona_definitivo.pdf>. Acesso em: 5 set. 2010.

BRASIL. Ministério da Agricultura, Pecuária e Abastecimento. **Normais climatológicas:**1961-1990. Brasília, 1992. 84 p.

BRASIL. Ministério da Irrigação. Programa Nacional de Irrigação. **Tempo de irrigar:** manual do irrigante. São Paulo: Mater, 1987. 160 p.

BRASIL. Ministério do Desenvolvimento Agrário. **Programa Nacional de Produção e Uso de Biodiesel**. Selo combustível social. Disponível em: <http://www.biodiesel.gov.br/selo>. Acesso em: 30 out. 2008.

BRÉDA, N. J. J. Ground-based measurements of leaf area index: a review of methods, instruments and current controversies. **Journal of Experimental Botany**, Oxford, v. 54, n. 392, p. 2043-2417, Nov. 2003.

CABELLO, F. P. **Riegos localizados de alta frecuencia (RLAF) goteo, micro aspersión, exudación**. 3. ed. Madrid: Ediciones Mundi-Prensa, 1996. 513 p.

CARGNELUTTI FILHO, A. et al. Tamanho de amostra de caracteres em híbridos de mamoneira. **Ciência Rural**, v. 40, p. 280-287, 2010.

CARVALHO, B. C. L. **Manual do cultivo da mamona**. Salvador: EBDA, 2005. 65 p.

CARVALHO, L. G. de; SAMPAIO, S. C.; SILVA, A. M. da. Determinação da umidade na campo *in situ* de um Latossolo Roxo Distrófico. **Engenharia Rural**, Piracicaba, v. 7, n. 1, p. 1-97, dez. 1996.

COMPANHIA NACIONAL DE ABASTECIMENTO. **Acompanhamento da safra brasileira**: grãos, nono levantamento, junho 2010. Brasília: MAPA, 2010. Disponívelem:<http://www.conab.gov.br/conabweb/download/safra/9graos_8.6.10.pdf>. Acesso em: 30 jun. 2010.

CORRÊA, M. L. P.; SILVA, C. S. A. dos S.; TAVORA, F. J. A. F. Rendimento e uso eficiente da terra de duas cultivares de mamona consorciadas com sorgo granífero e caupi. In: CONGRESSO BRASILEIRO DE PLANTAS OLEAGINOSAS, ÓLEOS, GORDURAS E BIODIESEL, 1., 2004, Varginha. **Anais**...Varginha: UFLA, 2004.

CURI, S.; CAMPELO JÚNIOR, J. H. Evapotranspiração e coeficientes de cultura da mamoneira *(Ricinus Communis* L.), em Santo Antônio do Leverger-MT. In: CONGRESSO BRASILEIRO DA MAMONA, 1., 2004, Campina Grande. **Anais**...Campina Grande: Embrapa Algodão, 2004. 1 CD-ROM.

DAÍ, Z.; EDWARDS, G. E.; KU, M. S. B. Control of photosynthesis and stomatal conductance in *Ricinus communis* L. (Castor Bean) by leaf to air vapor pressure deficit. **Plant Physiology**, Rockville, v. 99, n. 4, p. 1426-1434, Feb. 1992.

DOORENBOS, J.; KASSAM, A. H. **Efeito da água no rendimento das culturas**. Campina Grande: UFPB, 1994. 306 p.

DOORENBOS, J.; KASSAM, A. H. **Yield response to water**. Rome: FAO, 1979. 193 p. (FAO, Irrigation and Drainage Paper, 33).

DOORENBOS, J.; PRUITT, J. O. **Crop water requirement**. Rome: FAO, 1977. 179 p. (Irrigation and Drainage Paper, 24).

DOURADO NETO, D. et al. **Programa SWRC**: soil-water retention curve. Version 1.00. Piracicaba: ESALQ; Davis/University of Califórnia, 1995. Software.

EMPRESA BRASILEIRA DE PESQUISA AGROPECUÁRIA. Centro Nacional de Pesquisa de Solos. **Sistema brasileiro de classificação de solos.** 2. ed. Rio de Janeiro, 2006. 306 p.

FANAN, S. et al. Descrição de características agronômicas e avaliação de épocas de colheita na produtividade da mamoneira cultivar IAC 2028. **Bragantia**, Campinas, v. 68, n. 2, p. 415-422, 2009.

FERREIRA, D. F. Sisvar: a computer statistical analysis system. **Ciência e Agrotecnologia**, Lavras, v. 35, p. 1039-1042, 2011.

FREIRE, R. M. M. Ricinoquímica. In: AZEVEDO, D. M. P. de; LIMA, E. F. L. **O agronegócio da mamona no Brasil**. Brasília: Embrapa Informação Tecnológica, 2001. p. 295-335.

FREIRE, R. M. M.; SEVERINO, L. S. Óleo de Mamona. In: SEVERINO, L. S.; MILANI, M.; BELTRÃO, N. E. M. **Mamona: o produtor pergunta, a Embrapa responde**. Brasília: Embrapa Informação Tecnológica, 2006. p. 243-248.

GALVANI, E. et al. Estimativa do índice de área foliar e da produtividade de pepino em meio protegido: cultivos de inverno e de verão. **Revista Brasileira de Engenharia Agrícola e Ambiental**, Campina Grande, v. 4, n. 1, p. 8-13, 2000.

GENUCHTEN, M. T. van. A closed-form equation for predicting the hydraulic conductivity of unsaturated soils. **Soil Science Society of American Journal**, Madison, v. 44, n. 4, p. 892-898, July/Aug. 1980.

GONÇALVES, N. P.; BENDEZÚ, J. M.; LELES, W. D. Época, espaçamento e densidade de plantio para a cultura da mamona. **Informe Agropecuário**, Belo Horizonte, v. 7, n. 82, p. 33-35, 1981.

HEIFFIG, L. S. et al. Fechamento e índice de área foliar da cultura da soja em diferentes arranjos espaciais. **Bragantia**, Campinas, v. 65, n. 2, p. 285-295, 2006.

HEIFFIG, L. S. **Plasticidade da cultura da soja (Glycine max (L) Merril) em diferentes arranjos espaciais**. 2002. 151 p. Dissertação (Mestrado em Fitotecnia)-Universidade de São Paulo. Escola Superior de Agricultura "Luiz de Queiroz", Piracicaba, 2002.

KOTZ, T. E. **Crescimento e produtividade da mamoneira IAC 2028 na safrinha em função da população de plantas em espaçamento reduzido**. 2012. 60 p. Dissertação (Mestrado em Agronomia)-Universidade Estadual Paulista "Júlio de Mesquita Filho". Faculdade de Ciências Agronômicas, Botucatu, 2012.

LEME, E. A. J.; MANIERO, M. A.; GUIDOLIN, J. C. Estimativa da área foliar da cana-de-açúcar e a relação com a produtividade. **Cadernos Planalsucar**, Piracicaba, v. 2, p. 3-9, mar. 1984.

LESSA, L. S. **Avaliação agronômica, seleção simultânea de caracteres múltiplos em híbridos diplóides (aa) e desempenho fisiológico de cultivares de bananeira**. 2007. 92 f. Dissertação (Mestrado em Ciências Agrárias)–Universidade Federal da

Bahia. Centro de Ciências Agrárias e Ambientais e Biológicas, Cruz das Almas, 2007.

LIMA, J. F.; PEIXOTO. C. P.; LEDO, C. A da S. Índices fisiológicos e crescimento inicial de mamoeiro (*Carica papaya L.*) em casa de vegetação. **Ciência e Agrotecnologia**, Lavras, v. 31, n. 5, p.1358-1363, 2007.

LIMA FILHO, O. F. de; VALOIS, A. C. C.; LUCAS, Z. M. **Análise quantitativa do crescimento da estévia**. Dourados: Embrapa Agropecuária Oeste, 2004. 27 p. (Documentos).

LORENZI, H. (Ed.). **Plantas daninhas do Brasil:** aquáticas, terrestres e tóxicas. 3. ed. Nova Odessa: Plantarum, 2000. 608 p.

LUCCHESI, A. A. Utilização prática da análise quantitativa do crescimento vegetal. **Anais da Escola Superior de Agricultura "Luiz de Queiroz"**. Piracicaba, v. 42, p. 401-428, 1984.

MAGALHÃES, A. C. N. Análise quantitativa de crescimento. In: FERRI, M. G. **Fisiologia vegetal**. São Paulo: EDUSP, 1986. p. 331-350.

MARCON, M. **Modelos matemáticos para a estimativa da área foliar de um cafeeiro por meio de análise de imagens**. 2009. 79 p. Dissertação (Mestrado em Engenharia de Sistemas)-Universidade Federal de Lavras, Lavras, 2009.

MEDEIROS, G. A.; ARRUDA, F. B.; SAKAI, E. Relações entre o coeficiente de cultura e cobertura vegetal do feijoeiro: erros envolvidos e análises para diferentes intervalos de tempo. **Acta Scientiarum,** Maringá, v. 26, n. 4, p. 513-519, out./dez. 2004.

MELLO, C. R. de et al. Estimativa da capacidade de campo baseada no ponto de inflexão da curva característica. **Ciência e Agrotecnologia**, Lavras, v. 26, n. 4, p. 836-841, 2002.

MENDONÇA, J. C. et al. Comparação entre métodos de estimativa da evapotranspiração de referência (ETo) na região Norte Fluminense, RJ. **Revista Brasileira de Engenharia Agrícola e Ambiental,** Campina Grande, v. 7, n. 2, p. 275-279, 2003.

MILANI, M.; MIGUEL JÚNIOR, S. R.; SOUSA, R. de L. **Sub-espécies de mamona**. Campina Grande: Embrapa Algodão, 2009. (Documentos, 230).

MONTEIRO, J. V. **Produtividade da mamoneira 'Al Guarany 2002'** (*Ricinus communis* L.) **em função de diferentes arranjos populacionais**. 2005. 89 p. Tese (Doutorado em Agronomia)-Universidade Federal de Lavras, Lavras, 2005.

OLIVEIRA, L. B. Biodiesel-combustível limpo para o transporte sustentável. In: RIBEIRO, S. K. (Coord.). **Transporte sustentável:** alternativas para ônibus urbanos. Rio de Janeiro: COPPE/UFRJ, 2001.

PARENTE, E. J. S. **Processo de produção de combustíveis a partir de frutos ou sementes oleaginosas:** biodiesel, 1980. Patente: privilégio de inovação. PI8007957. 14 jun. 1983, 08 out.1983.

PEIXOTO, C. P.; CRUZ, T. V. da; PEIXOTO, M. F. S. P. Análise quantitativa do crescimento de plantas: conceitos e práticas. **Enciclopédia Biosfera**, Goiânia, v. 7, n. 13, p. 51-76, 2011.

PEIXOTO, C. P. et al. Índices fisiológicos de cultivares de mamoneira nas condições agroecológicas do recôncavo baiano. **Magistra**, Cruz das Almas, v. 22, p. 168-177, 2010.

PEREIRA, A. R.; VILLA NOVA, N. A.; SEDIYAMA, G. C. **Evapo(transpi)ração**. Piracicaba: FEALQ, 1997. 183 p.

PROCÓPIO, S. O. et al. Desenvolvimento foliar das culturas da soja e do feijão e de plantas daninhas. **Ciência Rural**, Santa Maria, v. 33, n. 2, p. 207-211, 2003.

REIS, R. P. **Fundamentos de economia aplicada**. 2. ed. rev. ampl. Lavras: UFLA/FAEPE, 2007. 95 p.

RIBEIRO, A. C.; GUIMARÃES, P. T. G.; ALVAREZ, V. H. Sugestações de adubação para grandes culturas anuais ou perenes. In: RIBEIRO, A. C.; GUIMARÃES, P. T. G.; ALVAREZ, V. H. (Ed.). **Recomendações para uso de corretivos e fertilizantes em Minas Gerais**: 5ª aproximação. Viçosa, MG: UFV, 1999. p. 169-257.

RIOS, G. F. A. **Balanço de energia solar na cultura da mamoneira irrigada**. 2009. 111 p. Dissertação (Mestrado em Engenharia Agrícola)–Universidade Federal de Lavras, Lavras, 2009.

RIOS, G. F. A. et al. Consumo hídrico e coeficiente de cultura da mamoneira na microrregião de Lavras, Minas Gerais. **Revista Brasileira de Engenharia Agrícola e Ambiental**, Campina Grande, v. 15, n. 12, p. 1275–1282, 2011a.

RIOS, G. F. A. et al. Avaliação de modelos de estimativa da área foliar da mamona com o uso demedidas simples. In: CONGRESSO NACIONAL DE IRRIGAÇÃO E DRENAGEM, 21., 2011, Petrolina. **Anais**... Petrolina: CONIRD/ABID, 2011b.

RODRIGUES, R. F. de O.; OLIVEIRA, F. de; FONSECA, A. M. As folhas de Palma Christi – Ricinus communis L. Euphorbiaceae Jussieu. **Revista Lecta**, Bragança Paulista, v. 20, n. 2, p. 183-194, 2002.

RODRIGUES FILHO, A. **A cultura da mamona**. Belo Horizonte: EMATER-MG, 2000. 20 p. (Boletim Técnico).

RODRÍGUEZ, R. et al. A process-based model to evaluate site quality for *Eucalyptus nitens* in the Bio-Bio Region of Chile. **Forestry**, v. 82, n. 2, p. 149-162, 2009.

SAMPAIO, S. C. et al. Estudo da precipitação efetiva para o município de Lavras, MG. **Revista Brasileira de Engenharia Agrícola e Ambiental**, Campina Grande, v. 4, n. 2, p. 210-213, 2000.

SANTOS, R. F. dos et al. Análise econômica. In: AZEVEDO, D. M. P. DE; LIMA, E. F. **O Agronegócio da mamona no Brasil**. Campina Grande: Embrapa Algodão/Brasília: Embrapa Informação Tecnológica, 2001. p. 17-35.

SANTOS, R. F. dos; KOURI, J. Panorama mundial do agronegócio da mamona. In: CONGRESSO BRASILEIRO DE MAMONA, 2., 2006, Aracaju. **Anais**...Campina Grande: Embrapa Algodão, 2006. 1 CD-ROM.

SAVY FILHO, A. et al. IAC-2028: nova cultivar de mamona. **Pesquisa Agropecuária Brasileira**, Brasília, v. 42, n. 3, p. 449-452, mar. 2007. (Novas Cultivares).

SAVY FILHO, A. et al. **Variedades de mamona do Instituto Agronômico**. Campinas: Instituto Agronômico, 1999. 12 p. (Boletim Técnico, 183).

SAVY FILHO, A. **Mamona**. Campinas: Instituto Agronômico, 2003. 4 p. (Folheto).

SENTELHAS, P. C. Agrometeorologia aplicada à irrigação. In: MIRANDA, J. H.; PIRES, R. C. M. **Irrigação**. Piracicaba: FUNEP, 2001. v. 1, p. 63-120.

SEDIYAMA, G. C. Estimativa da evapotranspiração: histórico, evolução e análise crítica. **Revista Brasileira de Agrometeorologia**. Santa Maria, v. 4, n. 1, p. 1-7, jan./jun. 1996.

SEVERINO, L. S. et al. **Descrição das fases do desenvolvimento reprodutivo da mamoneira visando ao manejo da colheita.** Campina Grande: Embrapa Algodão, 2007. (Circular Técnica, 115).

SEVERINO, L. S. et al. **Fatores de conversão do peso de cachos e frutos para peso de sementes de mamona.** Campina Grande: Embrapa Algodão, 2005. 15 p. (Boletim de Pesquisa e Desenvolvimento, 56).

SEVERINO, L. S. et al. Método para determinação da área foliar da mamoneira. **Revista Brasileira de Oleaginosas e Fibrosas**, Campina Grande, v. 8, n. 1, p. 753-762, 2004.

SILVA, E. M. da et al. Manejo de irrigação para grandes culturas. In: CONGRESSO BRASILEIRO DE ENGENHARIA AGRÍCOLA, 27., 1998, Poços de Caldas. **Anais...** Poços de Caldas: UFLA/SBEA, 1998. p. 239-280.

SILVA, G. H. et al. Estimativa do custo de produção e receita da mamona nas regiões Oeste e Centro Ocidental do Paraná. In: CONGRESSO BRASILEIRO DE MAMONA, 4.; SIMPÓSIO INTERNACIONAL DE OLEAGINOSAS ENERGÉTICAS, 1., 2010, João Pessoa. **Anais...** Campina Grande: Embrapa Algodão, 2010b. v. 1, p. 369-374.

SILVA, L. C.; AMORIM NETO, M. S.; BELTRÃO, N. E. de M. **Recomendações técnicas para o cultivo e época de plantio de mamona cv. BRS 149 (Nordestina) na micro-região de Irecê, Bahia.** Campina Grande: Embrapa Algodão, 2000. 6 p. (Comunicado Técnico, 112).

SILVA, S. D. A. E.; AIRES, R. F.; CASAGRANDE JR., J. G. **Épocas de semeadura de mamona no Rio Grande do Sul.** Pelotas: Embrapa Clima Temperado, 2008. p. 1-20. (Boletim de Pesquisa e Desenvolvimento, 76).

SILVA, W. L. C.; MAROUELLI, W. A. Manejo da irrigação em hortaliças no campo e em ambientes protegidos. In CONGRESSO BRASILEIRO DE ENGENHARIA AGRÍCOLA, 27., 1998, Poços de Caldas. **Anais...** Poços de Caldas: UFLA/SBEA, 1998. p. 311-348.

SOARES, W. R. et al. Dependência do coeficiente de cultura no estádio inicial de desenvolvimento (Kc_{ini}) à lâmina de irrigação e textura do solo. **Revista Brasileira de Engenharia Agrícola e Ambiental,** Campina Grande, v. 5, n. 1, p. 23-27, jan./abr. 2001.

SOUSA, P. S. de et al. Eficiência do uso da água pela mamoneira sob diferentes lâminas de irrigação. In: CONGRESSO BRASILEIRO DA MAMONA, 3., 2008, Campina Grande. **Anais**... Campina Grande: Embrapa Algodão, 2008. 1 CD-ROM.

STEDUTO, P. et al. *AquaCrop*-the FAO crop model to simulated yield response to water: concepts and underlying principles. **Agronomy Journal**, Madison, v. 101, p. 426-437, 2009.

TÁVORA, F. J. A. F. **A cultura da mamona**. Fortaleza: EPACE, 1982. 111 p.

UNIÃO BRASILEIRA DO BIODIESEL. **Boletim Informativo**. 7. ed. Brasília, 2012.

VASCONCELOS, M. A. C. de. **Informações sobre o cultivo da mamona (***Ricinus comminis* **L.)**. Fortaleza: EMATECE, 1990. 19 p.

WATSON, D. J. Comparative physiological studies on the growth of field crops. 1. Variation in net assimilation rate and leaf area between species and varieties, and within and between years. **Annals of Botany**, London, v. 11, p. 41 76, 1947.

WATSON, D. J. The physiological basis of variation in yield. **Advances in Agronomy**, San Diego, v. 4, p. 101-144, 1952.

WEISS, E. A. **Oilseed crops**. New York: Longman, 1983. 660 p.

ANEXOS

TABELA 1A Variáveis das condições meteorológicas e de manejo da irrigação. Valores acumulados (Ac) ou médios (méd) por semana ou épocas de suspensão da irrigação (E1, E2, E3, E4 e E5), dias após a semeadura (DAS). Lavras, MG, 2011

DAS*	DATA	Tm	UR	n/N	ETo	ETc	ETr	Kc	P	Pe	LBI	NI	TR	Lmi
dias	dia/mês	°C	%	%	mm	mm	mm	adm	mm	mm	mm	und	dias	mm
38-103	21/4-25/6	17,8	72,4	68,1	163,6	73,8	70,4	0,46	69,8	45,5	120,0	10,0	5,6	12,9
110	2/7	16,5	75,3	69,8	14,0	12,2	11,4	0,81	1,0	1,0	12,2	4,0	1,3	3,1
120	12/7	16,3	68,5	69,2	22,2	19,3	17,2	0,78	0,0	0,0	17,8	2,0	6,0	8,9
E1	sub-tot	16,4	71,9	69,5	36,2	31,5	28,6	0,79	1,0	1,0	30,0	6,0	3,2	6,0
127	19/7	17,8	60,7	86,6	18,8	16,4	15,4	0,82	0,0	0,0	8,4	2,0	2,7	4,2
134	26/7	17,7	68,1	58,1	18,0	15,7	14,4	0,80	0,0	0,0	17,8	2,0	4,0	8,9
141	2/8	18,8	59,6	73,9	21,0	18,3	16,2	0,77	0,0	0,0	17,8	2,0	4,0	8,9
149	10/8	18,6	63,6	84,2	24,9	21,6	18,3	0,74	11,4	8,5	17,8	2,0	4,5	8,9
E2	sub-tot	18,2	63,0	75,7	82,7	72,0	64,3	0,78	11,4	8,5	61,7	8,0	3,6	7,7
156	17/8	19,0	57,9	81,2	23,5	20,4	18,8	0,80	0,0	0,0	8,9	1,0	4,0	8,9
163	24/8	19,8	56,6	79,3	25,5	22,2	18,6	0,73	0,0	0,0	19,8	2,0	4,5	9,9
170	31/8	21,1	54,4	82,5	28,0	24,4	21,0	0,75	0,0	0,0	10,9	1,0	6,0	10,9
177	7/9	18,8	45,7	88,8	29,4	25,6	23,1	0,78	0,2	0,2	21,9	2,0	4,5	10,9
E3	sub-tot	19,7	53,6	82,9	106,5	92,6	81,5	0,8	0,2	0,2	61,6	6,0	4,7	10,2
184	14/9	21,7	56,4	62,7	29,7	25,0	22,1	0,74	0,0	0,0	10,9	1,0	5,0	10,9
191	21/9	18,4	55,1	66,0	28,1	22,3	20,3	0,72	0,0	0,0	10,9	1,0	5,0	10,9
196	26/9	20,7	56,0	66,2	22,7	17,1	14,8	0,65	0,4	0,4	21,9	2,0	4,0	10,9
E4	sub-tot	20,3	55,9	65,0	80,5	64,4	57,2	0,71	0,4	0,4	43,8	4,0	4,8	10,9
203	3/10	22,8	54,0	74,7	33,5	23,8	22,3	0,66	37,0	10,8	10,9	1,0	4,0	10,9
210	10/10	21,5	65,7	59,3	30,3	20,0	18,7	0,62	0,8	0,6	10,9	1,0	10,0	10,9
220	20/10	20,5	76,5	34,8	33,7	20,2	19,7	0,59	77,6	17,3	0,0	0,0	11,0	0,0
E5	sub-tot	21,6	65,4	56,3	97,5	64,0	60,6	0,62	115,4	28,7	21,9	2,0	8,3	10,9
Ciclo	Ac/méd	19,0	63,7	69,6	566,9	398,3	362,6	0,69	198,2	84,2	338,9	36,0	5,0	9,8

Temperatura média diária (Tm), umidade relativa média diária (UR), razão de insolação (n/N), evapotranspiração de referência (ETo), da cultura (ETc) e real (ETr); coeficiente de cultura médio estimado (Kc = ETr/ETo), precipitação pluvial(P) e efetiva (Pe); lâmina bruta de irrigação aplicada no tratamento referência A3E5 (LBI), número de irrigações (NI), turno de rega (TR) e lâmina média por irrigação (Lmi). *O período de 1 a 37 DAS (15/março a 20/abril) correspondeu à etapa de formação de mudas e, entre os 38 e 100 DAS (21/abril a 22/junho), à etapa de estabelecimento da cultura no campo, seguida da etapa de diferenciação dos tratamentos realizada a partir dos 103 DAS (25/maio). Nas duas últimas linhas das épocas de suspensão E1 e E5, os dados foram computados pela média ou acumulado decendial. Tm, UR, n/N, ETo e P medidas de dados obtidos da Estação Climatológica Principal ECP, em Lavras, MG. ETr, Pe, LBI, NI, TR e Lmi medidas determinadas com dados mensurados na própria área experimental.

TABELA 2A Análise de variância (ANAVA) das variáveis vegetativas de altura de planta, número de ramos laterais e área foliar unitária por estratos, em função das lâminas de água (A), épocas de suspensão da irrigação (E) e tempos de avaliações ao longo do ciclo da cultura (T) na subparcela. Lavras, MG, 2011

FV	GL	QUADRADO MÉDIO				
		HP	NPR	Ai	Am	As
Bloco	2	90,52n	0,91n	70495n	7857,83n	10288,65n
Trat	25	4647,31**	0,9*	841917,25**	494509,05**	207883,48**
Fat xTes	1	49806,79**	9,23**	12336184,73**	7217360,58**	3206194,81**
A	4	4293,68**	1,26n	636053,65*	294388,35*	117236,98n
E	4	4299,20**	0,67n	365774,56n	375284,73*	166899,66*
AxE	16	2000,28*	0,35n	294027,10n	154167,08n	53396,61n
Erro-a	50	957,24	0,51	189736,42	104761,48	49408,85
T	17	52289,50**	9,99**	3406101,62**	2058326,44**	941219,24**
Erro-b	34	125,17	0,14	49946,74	41460,42	47862,12
Trat xT	425	161,01**	0,08*	35471,89**	28912,69**	15433,98**
Fat xTes xT	17	1076,21**	0,37**	80363,82**	56159,84**	23085,63**
AxT	68	260,48**	0,13**	59779,00**	52033,37**	20658,56**
ExT	68	238,28**	0,08n	51701,98**	42285,23**	19676,48**
AxExT	272	59,63*	0,05n	22531,85n	18086,44n	12588,99n
Erro-c	850	46,31	0,07	22838,15	15489,48	10512,18
Total	1403	830,5	0,22	88927,75	56644,1	29088,34
CV-a	%	51,93	168,23	66,37	61,76	61,25
CV-b	%	18,78	87,65	34,05	38,85	60,28
CV-c	%	11,42	60,86	23,03	23,75	28,25

Altura de planta (HP), número de plantas com ramos laterais (NPR), área foliar unitária do estrato inferior (Ai), médio (Am) e superior (As), fonte de variação (FV), grau de liberdade (GL), fatorial dos fatores A e E (Fat), testemunha (Tes), tempos de avaliações (T) em dias após a semeadura (DAS), e coeficientes de variação (CV-a, CV-b e CV-c); **, * e n correspondem, respectivamente, às significâncias a 1%, a 5% e não significativo, a 5%, pelo Teste F. Obs.: Os dados x de NPR transformados Arcsen($(x/100)^{0,5}$).

TABELA 3A Análise de variância da regressão (ANOVA) das variáveis vegetativas de altura de planta, número de ramos laterais e área foliar unitária, por estratos, em função das lâminas de água (A) e das épocas de suspensão da irrigação (E). Lavras, MG, 2011

FV	GL	HP QM	HP R^2	NPR QM	NPR R^2	Ai QM	Ai R^2	Am QM	Am R^2	As QM	As R^2
A	4	4293,68**		1,26n		636053,65*		294388,35*		117236,98n	
Linear	1	11663,81**	0,68	3,36*	0,67	2301846,29**	0,91	1016755,71**	0,86	410486,81**	0,88
Quadr.	1	152,08n	0,69	1,03n	0,87	45891,37n	0,92	83762,36n	0,94	11641,83n	0,90
Cúbico	1	547,74n	0,72	0,35n	0,94	23477,62n	0,93	65337,54n	0,99	31715,06n	0,97
Desv.Regr	1	4811,09*		0,31n		172999,32n		11697,80n		15104,24n	
E	4	4299,20**		0,67n		365774,56n		375284,73*		166899,66*	
Linear	1	14056,03**	0,82	1,92n	0,72	1367311,18*	0,94	1366679,02**	0,91	612666,04**	0,92
Quadr.	1	3078,52n	0,99	0,19n	0,79	77671,25n	0,99	6038,68n	0,92	15904,56n	0,94
Cúbico	1	0,01n	0,99	0,08n	0,81	16774,52n	1,00	56923,27n	0,95	7975,64n	0,95
Desv.Regr	1	62,23n		0,50n		1341,31n		71497,94n		31052,38n	
Erro-a	50	957,24		0,51		189736,42		104761,48		49408,85	

Altura de planta (HP), número de plantas com ramos laterais (NPR), área foliar unitária do estrato inferior (Ai), médio (Am) e superior (As), fonte de variação (FV), grau de liberdade (GL), quadrado médio (QM) e coeficiente de determinação (R^2); **, * e n correspondem, respectivamente, às significâncias a 1%, a 5% e nãosignificativo, a 5%, pelo Teste F. Obs.: Os dados x de NPR transformados $Arcsen((x/100)^{0,5})$.

TABELA 4A Análise de variância da regressão (ANOVA) das variáveis vegetativas de altura de planta, número de ramos laterais e área foliar unitária por estratos, para o estudo no tempo de ciclo (T) dentro das lâminas de água (A). Lavras, MG, 2011

FV	GL	HP QM	R^2	NPR QM	R^2	Ai QM	R^2	Am QM	R^2	As QM	R^2
T:A1	17	7363,94**		1,86**		638764,19**		382581,29**		165946,17**	
Linear	1	108985,9**	0,87	19,51**	0,62	50782,88n	0,01	329824,17**	0,05	2384,67n	0,00
Quadr.	1	12099,85**	0,97	2,36**	0,69	9793814,95**	0,91	5594522,83**	0,91	2055772,65**	0,73
Cúbico	1	2277,05**	0,99	1,87**	0,75	438254,15**	0,95	2590,37n	0,91	53158,34n	0,75
Desv.Regr	14	130,3*		0,56**		41152,8n		41210,32*		50697,8**	
T:A2	17	8074,67**		1,39**		578044,9**		365521,96**		193813,6**	
Linear	1	128288,95**	0,94	14,66**	0,62	1945133,42**	0,20	2116427,23**	0,34	230014,3**	0,07
Quadr.	1	5870,79**	0,98	1,92**	0,70	6605154,91**	0,87	2760342,67**	0,79	2475000,85**	0,82
Cúbico	1	2355,17**	0,99	3,38**	0,84	157729,95*	0,89	9638,59n	0,79	1913,09n	0,82
Desv.Regr	14	53,9n		0,27**		79910,36**		94818,92**		41993,07**	
T:A3	17	12548,67**		2,08**		672423,06**		351490,05**		165606,73**	
Linear	1	198089,68**	0,93	21,14**	0,60	1550018,78**	0,14	1154616,41**	0,19	130813,4**	0,05
Quadr.	1	8673,72**	0,97	3,36**	0,69	8486332,01**	0,88	4050207,64**	0,87	2206161,28**	0,83
Cúbico	1	5323,19**	0,99	4,39**	0,82	651334,23**	0,94	97038,37*	0,89	34164,69*	0,83
Desv.Regr	14	88,63n		0,46**		53107,64*		48104,88**		34164,69*	
T:A4	17	12966,84**		2,54**		892652,66**		596730,21**		234214,26**	
Linear	1	206373,84**	0,94	24,35**	0,56	3904417,45**	0,26	4781061,25**	0,47	601496,61**	0,15
Quadr.	1	6038,09**	0,96	4,66**	0,67	10075700,01**	0,92	3923183,88**	0,86	2566684,65**	0,80
Cúbico	1	7083,19**	0,99	6,6**	0,83	276609,62**	0,94	9879,07n	0,86	16373,69n	0,80
Desv.Regr	14	67,23n		0,54**		65597,73**		102163,52**		56934,82**	
T:A5	17	13250,72**		3,02**		914114,38**		604305,86**		276511,31**	
Linear	1	211769,65**	0,94	36,41**	0,71	4999794,32**	0,32	4510109,33**	0,44	663365,6**	0,14
Quadr.	1	6483,48**	0,97	2,64**	0,76	9686624,06**	0,95	3939819,39**	0,82	2932380,37**	0,77
Cúbico	1	5439,53**	0,99	4,29**	0,85	123961,32*	0,95	12040,21n	0,82	36018,99n	0,77
Desv.Regr	14	112,11*		0,57**		52111,77*		129373,62**		76351,95**	
Erro-b	34	125,17		0,14		49946,74		41460,42		47862,12	

Altura de planta (HP), número de plantas com ramos laterais (NPR), área foliar unitária do estrato inferior (Ai), médio (Am) e superior (As), fonte de variação (FV), grau de liberdade (GL), quadrado médio (QM), coeficiente de determinação (R^2) e T:A1, T:A2, T:A3, T:A4 e T:A5 são os desdobramentos nos tempos de avaliações (T), em dias após a semeadura (DAS), dentro de cada lâmina de água, A1, A2, A3, A4 e A5, respectivamente; **, * e n correspondem, respectivamente, às significâncias a 1%, a 5% e não significativo, a 5%, pelo Teste F. Obs.: Os dados x de NPR transformados Arcsen((x/100)^0,5).

TABELA 5A Análise de variância da regressão (ANOVA) das variáveis vegetativas de altura de planta, número de ramos laterais e área foliar unitária por estratos, para o estudo no tempo de ciclo (T) dentro das épocas de suspensão da irrigação (E). Lavras, MG, 2011

FV	GL	HP QM	HP R^2	NPR QM	NPR R^2	Ai QM	Ai R^2	Am QM	Am R^2	As QM	As R^2
T:E1	17	6616,36**		1,87**		790976,91**		426504,16**		193608,35**	
Linear	1	100140,36**	0,89	19,03**	0,60	304440,93**	0,02	450986,17**	0,06	945n	0,00
Quadr.	1	8659,58**	0,97	2,96**	0,69	12160522,05**	0,93	5948883,37**	0,88	2470054,43**	0,75
Cúbico	1	2280,95**	0,99	4**	0,82	307590,4**	0,95	327,94n	0,88	15448,75n	0,76
Desv.Regr	14	99,8n		0,41**		48146,72n		60740,95**		57492,41**	
T:E2	17	9890,68**		1,67**		745706,28**		433597,82**		225678,85**	
Linear	1	153478,24**	0,91	14,69**	0,52	1070108,27**	0,08	997898,44**	0,14	99257,71*	0,03
Quadr.	1	9284,72**	0,97	4,33**	0,67	10743382,62**	0,93	5489083,72**	0,88	3083241,11**	0,83
Cúbico	1	3173,62**	0,99	4,83**	0,84	56963,3n	0,94	16924,56n	0,88	30984,35n	0,84
Desv.Regr	14	157,5**		0,33**		57610,89**		61946,87**		44504,09**	
T:E3	17	13451,21**		2,27**		718513,64**		473197,19**		211871,9**	
Linear	1	214438,81**	0,94	25,11**	0,65	2617012,77**	0,21	3014350,74**	0,38	459395,68**	0,13
Quadr.	1	5780,91**	0,96	2,8**	0,72	8625906,45**	0,92	3526449,49**	0,81	2352868,77**	0,78
Cúbico	1	8009,42**	1,00	3,1**	0,80	270445,2**	0,94	45286,13n	0,82	31795,43n	0,79
Desv.Regr	14	31,53n		0,54**		50097,67*		104161,85**		54125,88**	
T:E4	17	11929,8**		2,15**		720239,75**		466333,91**		187680,65**	
Linear	1	187094,75**	0,92	24,86**	0,68	3175462,87**	0,26	3844490,5**	0,49	323575,36**	0,10
Quadr.	1	9584,36**	0,97	1,99**	0,74	7508438,09**	0,87	3113160,09**	0,88	2013294,73**	0,73
Cúbico	1	4629,28**	0,99	3,78**	0,84	360205,84**	0,90	30615,45n	0,88	574,75n	0,73
Desv.Regr	14	107,01n		0,42**		85712,07**		67100,74**		60937,58**	
T:E5	17	12227,99**		2,71**		688254,57**		462003,73**		213324,02**	
Linear	1	197147,54**	0,95	31,58**	0,69	4372645,21**	0,37	4188017,55**	0,53	624201,14**	0,17
Quadr.	1	5569,98**	0,98	2,74**	0,75	6037831,54**	0,89	2498308,48**	0,85	2330089,65**	0,82
Cúbico	1	4289,64**	0,99	4,16**	0,84	690125,51**	0,95	161024,43**	0,87	13750,05n	0,82
Desv.Regr	14	62,05n		0,54**		42837,53n		71908,07**		47033,39**	
Erro-b	34	125,17		0,14		49946,74		41460,42		47862,12	

Altura de planta (HP), número de plantas com ramos laterais (NPR), área foliar unitária do estrato inferior (Ai), médio (Am) e superior (As), fonte de variação (FV), grau de liberdade (GL), quadrado médio (QM), coeficiente de determinação (R^2) e T:E1, T:E2, T:E3, T:E4 e T:E5 são os desdobramentos nos tempos de avaliações (T), em dias após a semeadura (DAS), dentro de cada época de suspensão da irrigação E1, E2, E3, E4 e E5, respectivamente; **, * e n correspondem, respectivamente, às significâncias a 1%, a 5% e não significativo, a 5%, pelo Teste F. Obs.: Os dados x de NPR transformados Arcsen((x/100)^0,5).

TABELA 6A Análise de variância da regressão (ANOVA) da altura de planta para o estudo no tempo de ciclo (T) dentro das lâminas de água (A) e épocas de suspensão da irrigação (E). Lavras, MG, 2011

FV	GL	QM	R^2	FV	QM	R^2	FV	QM	R^2
T:A1E1	17	918,65**		T:A2E1	905,64**		T:A3E1	1583,55**	
Linear	1	13625,39**	0,87	Linear	12843,35**	0,83	Linear	24404,99**	0,91
Quadr.	1	1170,14**	0,95	Quadr.	1835,72**	0,95	Quadr.	1812,55**	0,97
Cúbico	1	609,32**	0,99	Cúbico	152,31n	0,96	Cúbico	400,29**	0,99
Desv.Regr	14	15,15n		Desv.Regr	40,32n		Desv.Regr	21,6n	
T:A1E2	17	2077,6**		T:A2E2	1704,4**		T:A3E2	2942,09**	
Linear	1	30504,17**	0,86	Linear	25664,36**	0,89	Linear	44389,19**	0,89
Quadr.	1	3724,39**	0,97	Quadr.	2274,62**	0,96	Quadr.	3558,73**	0,96
Cúbico	1	332,31*	0,98	Cúbico	521,31**	0,98	Cúbico	1550,89**	0,99
Desv.Regr	14	54,17n		Desv.Regr	36,75n		Desv.Regr	36,91n	
T:A1E3	17	1359,14**		T:A2E3	2255,65**		T:A3E3	3235,22**	
Linear	1	20016,34**	0,87	Linear	37234,92**	0,97	Linear	52025,59**	0,95
Quadr.	1	1809,16**	0,95	Quadr.	174,14n	0,98	Quadr.	1084,32**	0,97
Cúbico	1	613,49**	0,97	Cúbico	905,81**	0,99	Cúbico	1597,21**	0,99
Desv.Regr	14	47,6n		Desv.Regr	2,23n		Desv.Regr	20,83n	
T:A1E4	17	1399,14**		T:A2E4	1491,12**		T:A3E4	2318,16**	
Linear	1	19328,82**	0,81	Linear	22975,86**	0,91	Linear	35810,76**	0,91
Quadr.	1	3529,48**	0,96	Quadr.	1652,01**	0,97	Quadr.	2174,35**	0,96
Cúbico	1	221,17*	0,97	Cúbico	583,83**	0,99	Cúbico	729,75**	0,98
Desv.Regr	14	50,42n		Desv.Regr	9,81n		Desv.Regr	49,56n	
T:A1E5	17	1823,85**		T:A2E5	2041,8**		T:A3E5	2757,63**	
Linear	1	27656,99**	0,89	Linear	33427,37**	0,96	Linear	44510,81**	0,95
Quadr.	1	2380,19**	0,97	Quadr.	726,33**	0,98	Quadr.	700,3**	0,96
Cúbico	1	583,1**	0,99	Cúbico	364,18**	0,99	Cúbico	1352,5**	0,99
Desv.Regr	14	27,51n		Desv.Regr	13,76n		Desv.Regr	22,58n	
Erro-b	34	125,17		Erro-b	125,17		Erro-b	125,17	

Fonte de variação (FV), grau de liberdade (GL), quadrado médio (QM), coeficiente de determinação (R^2) e T:A1E1, T:A1E2, T:A1E3, T:A1E4, T:A1E5, T:A2E1,..., T:A3E5 são os desdobramentos nos tempos de avaliações (T), em dias após a semeadura (DAS), dentro de cada um dos fatoriais A1E1, A1E2, A1E3, A1E4, A1E5, A2E1,..., A3E5 de lâmina de água e época de suspensão da irrigação, respectivamente; **, * e n correspondem, respectivamente, às significâncias a 1%, a 5% e não significativo, a 5%, pelo Teste F.

125

TABELA 7A Análise de variância da regressão (ANOVA) da altura de planta para o estudo no tempo de ciclo (T) dentro das lâminas de água (A) e épocas de suspensão da irrigação (E). Lavras, MG, 2011

FV	GL	QM	R^2	FV	QM	R^2
T:A4E1	17	1432,77**		T:A5E1	1989,79**	
Linear	1	22049,83**	0,91	Linear	29871,49**	0,88
Quadr.	1	1442,95**	0,97	Quadr.	2547,07**	0,96
Cúbico	1	420,45**	0,98	Cúbico	855,84**	0,98
Desv.Regr	14	31,7n		Desv.Regr	39,43n	
T:A4E2	17	1537,3**		T:A5E2	1892,34**	
Linear	1	24008,85**	0,92	Linear	30806,54**	0,96
Quadr.	1	1031,53**	0,96	Quadr.	224,04*	0,97
Cúbico	1	938,66**	0,99	Cúbico	221,66*	0,97
Desv.Regr	14	11,07n		Desv.Regr	65,53n	
T:A4E3	17	3519,57**		T:A5E3	3638,69**	
Linear	1	53095**	0,89	Linear	58811,45**	0,95
Quadr.	1	2948,22**	0,94	Quadr.	732,05**	0,96
Cúbico	1	3519,06**	0,99	Cúbico	2112,84**	0,99
Desv.Regr	14	19,32n		Desv.Regr	14,38n	
T:A4E4	17	4296,75**		T:A5E4	3181,46**	
Linear	1	69911,93**	0,96	Linear	49705,35**	0,92
Quadr.	1	635,9**	0,97	Quadr.	2209,86**	0,96
Cúbico	1	2157,21**	0,99	Cúbico	1571,75**	0,99
Desv.Regr	14	24,27n		Desv.Regr	42,7n	
T:A4E5	17	2891,86**		T:A5E5	2917,92**	
Linear	1	47322,67**	0,96	Linear	46308,55**	0,93
Quadr.	1	582,53**	0,97	Quadr.	1644**	0,97
Cúbico	1	978,53**	0,99	Cúbico	1236,45**	0,99
Desv.Regr	14	19,85n		Desv.Regr	29,69n	
Erro-b	34	125,17		Erro-b	125,17	

Fonte de variação (FV), grau de liberdade (GL), quadrado médio (QM), coeficiente de determinação (R^2) e T:A4E1, T:A4E2, T:A4E3, T:A4E4, T:A4E5, T:A5E1,..., T:A5E5 são os desdobramentos nos tempos de avaliações (T), em dias após a semeadura (DAS), dentro de cada um dos fatoriais A4E1, A4E2, A4E3, A4E4, A4E5, A5E1,..., A5E5 de lâmina de água e época de suspensão da irrigação, respectivamente; **, * e n correspondem, respectivamente, às significâncias a 1%, a 5% e não significativo, a 5%, pelo Teste F.

TABELA 8A Valores médios observados de altura de planta ao longo do tempo de ciclo (T, ver Tabela 9A) para o estudo dentro de lâminas de água (A) e épocas de suspensão da irrigação (E). Lavras, MG, 2011

FV	Tempo, DAS (dias)								
	82	89	96	103	117	124	131	138	152
	........................Altura de planta, HP (cm)........................								
T:A0E0	16,50	16,33	16,83	20,00	25,00	26,00	28,33	31,00	31,33
T:A1E1	20,33	20,33	22,67	24,67	30,67	37,33	42,67	44,00	51,33
T:A1E2	21,33	22,33	27,33	31,67	43,67	56,00	60,33	66,33	77,00
T:A1E3	19,33	18,33	19,67	23,00	33,00	38,00	46,67	48,00	59,33
T:A1E4	21,17	21,33	25,33	29,67	41,00	50,67	55,00	58,33	71,00
T:A1E5	21,00	21,00	24,33	29,00	38,33	49,67	53,00	58,67	68,00
T:A2E1	19,90	20,00	20,67	25,67	34,33	42,33	47,67	49,67	55,67
T:A2E2	19,67	18,67	24,00	27,00	35,33	48,00	51,33	53,33	65,33
T:A2E3	16,33	16,33	19,17	21,67	29,00	35,67	39,67	46,33	56,33
T:A2E4	20,33	20,00	21,67	25,67	37,00	44,67	48,33	52,33	62,00
T:A2E5	21,00	21,67	24,00	28,67	36,33	45,67	53,67	56,67	64,33
T:A3E1	20,50	20,67	24,33	28,33	37,00	47,67	52,67	56,00	63,33
T:A3E2	20,33	21,67	23,50	28,00	40,00	52,00	59,67	66,00	75,00
T:A3E3	17,50	17,33	21,67	24,67	34,33	43,33	51,67	55,00	68,00
T:A3E4	21,33	21,00	24,33	28,67	37,33	47,33	55,33	63,33	72,33
T:A3E5	18,00	16,33	20,50	23,67	33,33	41,00	49,00	50,67	61,67
T:A4E1	20,00	19,33	21,00	24,50	36,33	44,67	48,67	49,67	58,33
T:A4E2	16,17	16,33	18,67	19,33	28,67	34,67	41,33	44,67	53,67
T:A4E3	19,00	19,33	21,50	25,33	37,67	47,33	52,00	60,00	76,00
T:A4E4	**18,33**	**18,67**	**21,00**	**24,67**	**35,00**	**44,33**	**53,67**	**60,33**	**71,67**
T:A4E5	18,17	18,00	20,00	22,33	33,00	43,00	49,33	55,67	64,67
T:A5E1	20,67	21,67	23,00	27,33	36,33	46,33	54,67	57,33	69,67
T:A5E2	18,50	18,33	20,33	22,33	30,00	40,67	42,00	48,33	54,00
T:A5E3	20,50	19,00	21,33	26,00	35,67	45,00	53,33	58,33	71,00
T:A5E4	19,17	19,00	22,83	26,00	37,00	46,67	55,33	60,67	77,00
T:A5E5	20,33	22,00	24,67	27,00	37,67	48,00	55,00	61,67	75,67

Fonte de variação (FV) para T:A1E1, T:A1E2, T:A1E3, T:A1E4, T:A1E5, T:A2E1,..., T:A5E5 correspondentes aos desdobramentos nos tempos de avaliações (T), em dias após a semeadura (DAS), dentro de cada um dos fatoriais A1E1, A1E2, A1E3, A1E4, A1E5, A2E1,..., A5E5 de lâmina de água e época de suspensão da irrigação, respectivamente.

TABELA 9A Valores médios observados de altura de planta ao longo do tempo de ciclo (T, ver Tabela 8A) para o estudo dentro de lâminas de água (A) e épocas de suspensão da irrigação (E). Lavras, MG, 2011

	Tempo, DAS (dias)								
	159	166	173	180	187	194	201	208	220
FV	...........................Altura de planta, HP (cm).........................								
T:A0E0	39,00	36,33	37,33	38,67	39,00	37,67	37,00	33,33	26,67
T:A1E1	60,00	61,33	61,67	69,00	63,00	64,00	62,33	64,67	58,33
T:A1E2	86,00	89,67	85,67	93,33	91,33	83,00	88,00	86,33	89,00
T:A1E3	67,00	70,33	76,00	68,67	68,33	67,33	75,00	67,00	69,00
T:A1E4	81,00	76,67	73,67	77,67	73,67	78,00	72,33	74,00	73,00
T:A1E5	80,00	79,00	80,00	85,67	83,33	82,00	86,00	80,33	81,33
T:A2E1	67,67	57,67	58,67	65,33	64,00	66,67	60,33	63,33	60,67
T:A2E2	77,33	76,67	79,67	79,33	79,67	78,67	80,00	76,00	79,00
T:A2E3	65,67	69,33	74,00	77,67	82,67	86,00	87,33	88,33	86,00
T:A2E4	68,67	68,67	74,33	77,00	79,00	78,00	75,67	76,00	73,00
T:A2E5	72,67	79,00	79,33	83,00	83,67	87,67	90,33	89,67	91,00
T:A3E1	74,67	75,00	74,33	76,33	79,00	80,67	84,33	77,33	77,00
T:A3E2	91,67	96,67	97,67	99,67	99,33	98,00	99,33	96,67	93,00
T:A3E3	81,67	88,00	90,33	98,33	101,33	99,67	97,33	101,67	99,00
T:A3E4	85,67	84,33	85,67	90,33	93,00	88,33	85,33	93,67	90,67
T:A3E5	75,67	76,00	85,67	93,33	91,33	96,67	91,67	94,67	92,33
T:A4E1	70,33	67,00	67,67	78,00	78,33	73,33	73,33	74,67	73,33
T:A4E2	62,33	66,00	69,00	74,00	72,67	73,33	70,33	72,67	69,33
T:A4E3	88,00	92,00	97,67	109,33	110,33	104,00	103,67	101,00	90,33
T:A4E4	**85,67**	**91,67**	**100,00**	**112,00**	**112,33**	**111,00**	**113,00**	**112,67**	**113,67**
T:A4E5	77,00	79,67	86,33	86,33	97,33	96,67	94,33	97,67	98,33
T:A5E1	83,33	81,33	83,33	86,00	84,33	83,33	84,00	84,00	82,00
T:A5E2	67,33	72,00	74,67	77,00	76,67	75,67	72,33	84,67	91,67
T:A5E3	80,33	86,00	97,33	103,00	107,00	108,33	110,67	104,67	104,00
T:A5E4	87,33	91,67	96,33	97,67	104,33	100,67	92,67	102,67	98,33
T:A5E5	87,33	87,67	88,33	98,67	101,67	100,33	95,67	99,67	98,67

Fonte de variação (FV) para T:A0E0, T:A1E1, T:A1E2, T:A1E3, T:A1E4, T:A1E5, T:A2E1,..., T:A5E5 correspondentes aos desdobramentos nos tempos de avaliações (T), em dias após a semeadura (DAS), da testemunha (A0E0) e dentro de cada um dos fatoriais A1E1, A1E2, A1E3, A1E4, A1E5, A2E1,..., A5E5 de lâmina de água e época de suspensão da irrigação, respectivamente.

TABELA 10A Análise de variância (ANAVA) das variáveis vegetativas de número de folhas, índice de área foliar e fração de cobertura do solo, em função das lâminas de água (A), épocas de suspensão da irrigação (E) e dos tempos de avaliações, ao longo do ciclo da cultura (T) na subparcela. Lavras, MG, 2011

FV	GL	QUADRADO MÉDIO				
		NFA	NFP	NFT	IAFe	fc
Bloco	2	0,70n	0,55*	1,09n	1,00n	346,93n
Trat	25	11,42**	0,80**	12,86**	6,90**	7907,94**
Fat xTes	1	132,77**	4,92**	145,01**	44,71**	123896,96**
A	4	10,46**	1,10**	12,28**	11,87**	4779,63**
E	4	21,27**	2,01**	24,71**	12,39**	7419,46**
AxE	16	1,62n	0,17n	1,77n	1,92n	1562,82n
Erro-a	50	1,57	0,14	1,72	1,54	1082,33
T	17	68,01**	15,21**	66,36**	27,20**	51461,45**
Erro-b	34	0,45	0,37	0,52	0,35	184,99
Trat xT	425	0,73**	0,16**	0,76**	0,43**	326,79**
Fat xTes xT	17	3,21**	0,24**	3,24**	1,01**	1819,91**
AxT	68	1,06**	0,20**	1,11**	0,89**	315,86**
ExT	68	1,88**	0,26**	1,94**	0,95**	720,08**
AxExT	272	0,21n	0,11n	0,22n	0,15n	137,88n
Erro-c	850	0,19	0,11	0,2	0,13	124,68
Total	1403	1,43	0,33	1,46	0,73	982,54
CV-a	%	35,79	28,27	35,38	125,52	58,47
CV-b	%	19,16	46,64	19,36	59,77	24,17
CV-c	%	12,49	25,59	12,05	36,72	19,85

Número de folhas anterior (NFA) e posterior (NFP) à marcação e total por planta (NFT); índice de área foliar estimado (IAFe), fração de cobertura do solo (fc), fonte de variação (FV), grau de liberdade (GL), fatorial dos fatores A e E (Fat), testemunha (Tes), tempos de avaliações (T) em dias após a semeadura (DAS), e coeficientes de variação (CV-a, CV-b e CV-c); **, * e n correspondem, respectivamente, às significâncias a 1%, a 5% e não significativo, a 5%, pelo Teste F. Obs.: Os dados x de NFA, NFP e NFT transformados $((x+0,5)^{0,5})$.

TABELA 11A Análise de variância da regressão (ANOVA) das variáveis vegetativas de números de folhas, índice de área foliar e fração de cobertura do solo, em função das lâminas de água (A) e épocas de suspensão da irrigação (E). Lavras, MG, 2011

FV	GL	NFA QM	NFA R^2	NFP QM	NFP R^2	NFT QM	NFT R^2	IAFe QM	IAFe R^2	fc QM	fc R^2
A	4	10,46**		1,10**		12,28**		11,87**		4779,63**	
Linear	1	39,00**	0,93	3,62**	0,82	45,55**	0,93	45,50**	0,96	16761,10**	0,88
Quadr.	1	0,82n	0,95	0,43n	0,92	1,28n	0,95	0,15n	0,96	475,74n	0,90
Cúbico	1	1,86n	1,00	0,25n	0,97	2,21n	1,00	1,84n	0,99	722,76n	0,94
Desv.Regr	1	0,15n		0,12n		0,08n		0,00n		1158,90n	
E	4	21,27**		2,01**		24,71**		12,39**		7419,46**	
Linear	1	72,17**	0,85	5,59**	0,69	83,13**	0,84	43,23**	0,87	27504,93**	0,93
Quadr.	1	3,93n	0,90	1,62**	0,90	5,59n	0,90	1,63n	0,91	2170,97n	0,99
Cúbico	1	3,11n	0,93	0,05n	0,90	3,06n	0,93	1,52n	0,94	0,05n	0,99
Desv.Regr	1	5,86n		0,79*		7,07n		3,19n		1,88n	
Erro-a	50	1,57		0,14		1,72		1,54		1082,33	

Número de folhas anterior (NFA) e posterior (NFP) à marcação e total por planta (NFT); índice de área foliar estimado (IAFe), fração de cobertura do solo (fc), fonte de variação (FV), grau de liberdade (GL), quadrado médio (QM) e coeficiente de determinação (R^2);**, * e n correspondem, respectivamente, às significâncias a 1%, a 5% e não significativo, a 5%, pelo Teste F. Obs.: Os dados x de NFA, NFP e NFT transformados $((x+0,5)^{0,5})$.

TABELA 12A Análise de variância da regressão (ANOVA) das variáveis vegetativas de números de folhas, índice de área foliar e fração de cobertura do solo para o estudo no tempo de ciclo (T) dentro das lâminas de água (A). Lavras, MG, 2011

ANOVA		NFA		NFP		NFT		IAFe		fc	
FV	GL	QM	R^2	QM	R^2	QM	R^2	QM	R^2	QM	R^2
T:A1	17	9,62**		3,01**		9,74**		3,39**		7454,72**	
Linear	1	54,89**	0,34	6,56**	0,13	38,08**	0,23	6,81**	0,12	80974,96**	0,64
Quadr.	1	70,62**	0,77	26,38**	0,64	102,18**	0,85	41,55**	0,84	41541,77**	0,97
Cúbico	1	30,13**	0,95	6,84**	0,78	17,5**	0,95	3,33**	0,90	2539,65**	0,99
Desv.Regr	14	0,57**		0,81**		0,55*		0,43**		119,56n	
T:A2	17	10,55**		2,98**		10,49**		3,49**		9787,77**	
Linear	1	98,81**	0,55	4,51**	0,09	77,74**	0,44	25,85**	0,44	128261,24**	0,77
Quadr.	1	47,28**	0,82	30,78**	0,70	76,13**	0,86	24,34**	0,85	31866,34**	0,96
Cúbico	1	28,97**	0,98	3,01**	0,76	19,05**	0,97	6,16**	0,95	4937,28**	0,99
Desv.Regr	14	0,3n		0,89**		0,39n		0,21n		94,8n	
T:A3	17	15,27**		3,26**		14,7**		5,72**		10515,84**	
Linear	1	148,89**	0,57	3,86**	0,07	122,57**	0,49	41,83**	0,43	132336,09**	0,74
Quadr.	1	51,37**	0,77	40,5**	0,80	86,62**	0,84	38,69**	0,83	42724,44**	0,98
Cúbico	1	53,67**	0,98	4,24**	0,88	36,8**	0,99	14,17**	0,97	1789,56**	0,99
Desv.Regr	14	0,4n		0,49**		0,28n		0,18n		137,08n	
T:A4	17	20,11**		3,6**		19,88**		9,78**		13462,32**	
Linear	1	220,76**	0,65	0,9*	0,02	195,75**	0,58	94,23**	0,57	185977,18**	0,81
Quadr.	1	41,89**	0,77	46,82**	0,78	75,92**	0,80	34,63**	0,78	36851,48**	0,97
Cúbico	1	71,54**	0,98	0,44n	0,79	57,43**	0,97	28,75**	0,95	4132,4**	0,99
Desv.Regr	14	0,55**		0,93**		0,63**		0,62**		135,6n	
T:A5	17	19,05**		3,09**		18,18**		9,39**		13243,51**	
Linear	1	245,63**	0,76	1,69**	0,03	217,04**	0,70	98,03**	0,61	193716,95**	0,86
Quadr.	1	27,3**	0,84	39,5**	0,78	52,91**	0,87	31,81**	0,81	27481,44**	0,98
Cúbico	1	47,23**	0,99	0,89*	0,80	35,79**	0,99	24,77**	0,97	3156,54**	0,99
Desv.Regr	14	0,26n		0,75**		0,24n		0,36*		56,05n	
Erro-b	34	0,45		0,37		0,52		0,35		184,99	

Número de folhas anterior (NFA) e posterior (NFP) à marcação e total por planta (NFT); índice de área foliar estimado (IAFe), fração de cobertura do solo (fc), fonte de variação (FV), grau de liberdade (GL), quadrado médio (QM), coeficiente de determinação (R^2) e T:A1, T:A2, T:A3, T:A4 e T:A5 são os desdobramentos nos tempos de avaliações (T), em dias após a semeadura (DAS), dentro de cada lâmina de água A1, A2, A3, A4 e A5, respectivamente; **, * e n correspondem, respectivamente, às significâncias a 1%, a 5% e não significativo, a 5%, pelo Teste F. Obs.: Os dados x de NFA, NFP e NFT transformados $((x+0,5)^{0,5})$.

TABELA 13A Análise de variância da regressão (ANOVA) das variáveis vegetativas de números de folhas, índice de área foliar e fração de cobertura do solo para o estudo no tempo de ciclo (T) dentro das épocas de suspensão da irrigação (E). Lavras, MG, 2011

FV	GL	NFA QM	R^2	NFP QM	R^2	NFT QM	R^2	IAFe QM	R^2	fc QM	R^2
T:E1	17	9,48**		2,78**		9,67**		3,04**		7623,65**	
Linear	1	32,77**	0,20	8,03**	0,17	19,49**	0,12	6,97**	0,14	59429,42**	0,46
Quadr.	1	85,08**	0,73	22,62**	0,65	117,14**	0,83	37,69**	0,86	63628,78**	0,95
Cúbico	1	35,16**	0,95	9,45**	0,85	20,14**	0,95	3,07**	0,92	4545,22**	0,99
Desv.Regr	14	0,59**		0,51**		0,55*		0,29n		142,76n	
T:E2	17	11,85**		3,05**		12,14**		4,62**		10054,61**	
Linear	1	65,16**	0,32	5,64**	0,11	47,36**	0,23	14,35**	0,18	103048,85**	0,60
Quadr.	1	79,21**	0,72	32,76**	0,74	117,82**	0,80	47,19**	0,78	58596,86**	0,95
Cúbico	1	48,36**	0,96	4,78**	0,83	33,14**	0,96	9,57**	0,91	7430,64**	0,99
Desv.Regr	14	0,63**		0,62**		0,58*		0,53**		132,28n	
T:E3	17	20,51**		3,62**		20,62**		9,21**		13049,59**	
Linear	1	237,08**	0,68	0,31n	0,01	215,48**	0,62	81,79**	0,52	195067,35**	0,88
Quadr.	1	39,34**	0,79	48,1**	0,79	73,03**	0,82	37,93**	0,77	21108,41**	0,98
Cúbico	1	67,26**	0,99	0,09n	0,79	56,51**	0,98	31,25**	0,97	4921,6**	0,99
Desv.Regr	14	0,36n		0,93**		0,39n		0,39*		53,26n	
T:E4	17	16,93**		3,41**		16,19**		7,43**		12160,37**	
Linear	1	205,4**	0,71	2,58**	0,04	176,73**	0,64	69,58**	0,55	178027,02**	0,86
Quadr.	1	34,64**	0,83	41,77**	0,77	63,71**	0,87	32,53**	0,81	26714,72**	0,99
Cúbico	1	45,3**	0,99	1,95**	0,80	32,08**	0,99	19,94**	0,97	947,99**	0,99
Desv.Regr	14	0,18n		0,84**		0,2n		0,3n		74,04n	
T:E5	17	19,08**		3,34**		17,65**		7,69**		13192,83**	
Linear	1	274,09**	0,85	2,31**	0,04	240,64**	0,80	99,11**	0,76	202023,4**	0,90
Quadr.	1	14,91**	0,89	39,66**	0,74	35,08**	0,92	18,1**	0,90	20656**	0,99
Cúbico	1	32,62**	0,99	1,13**	0,76	22,56**	0,99	12,31**	0,99	833,34**	0,99
Desv.Regr	14	0,19n		0,97**		0,13n		0,08n		54,67n	
Erro-b	34	0,45		0,37		0,52		0,35		184,99	

Número de folhas anterior (NFA) e posterior (NFP) à marcação e total por planta (NFT); índice de área foliar estimado (IAFe), fração de cobertura do solo (fc), fonte de variação (FV), grau de liberdade (GL), quadrado médio (QM), coeficiente de determinação (R^2) e T:E1, T:E2, T:E3, T:E4 e T:E5 são os desdobramentos nos tempos de avaliações (T), em dias após a semeadura (DAS), dentro de cada época de suspensão da irrigação E1, E2, E3, E4 e E5, respectivamente; **, * e n correspondem, respectivamente, às significâncias a 1%, a 5% e não significativo, a 5%, pelo Teste F. Obs.: Os dados x de NFA, NFP e NFT transformados $((x+0,5)^{0,5})$.

TABELA 14A Análise de variância (ANAVA) das produtividades de grãos por ordem e total, em função das lâminas de água (A) e épocas de suspensão da irrigação (E). Lavras, MG, 2011

FV	GL	QUADRADO MÉDIO			
		PRP	PRS	PRT	PT
Bloco	2	53022,19n	184465,94n	853,75n	347136,13n
Trat	25	97130,69**	975472,7**	78760,14**	2193477,09**
Fat xTes	1	1434102,35**	4978723,93**	108789,5*	14127667,74**
A	4	53665,36n	2221763,33**	223895,71**	4696523,47**
E	4	134362,09**	2213433,04**	182612,46**	4805096,3**
AxE	16	15128,45n	104206,76n	14636,33n	168923,79n
Erro	50	27797,86	99824,03	18728,69	230181,66
Total	77	50963,69	386324,04	37755,14	870653,02
CV	%	17,8	25,01	73,29	20,1

Produtividade de grãos por ordem de racemos primários (PRP), secundários (PRS), terciários (PRT) e produtividade total da cultura (PT), fonte de variação (FV), grau de liberdade (GL), fatorial dos fatores A e E (Fat), testemunha (Tes) e coeficiente de variação (CV); **, * e n correspondem, respectivamente, às significâncias a 1%, a 5% e não significativo, a 5%, pelo Teste F.

TABELA 15A Análise de variância (ANAVA) das componentes de produção número de racemos por planta, porcentagem total de grãos chochos, teor de água e óleo dos grãos, em função das lâminas de água (A) e épocas de suspensão da irrigação (E), Lavras, MG, 2011

FV	GL	QUADRADO MÉDIO			
		NTR	PTX	TU	TO
Bloco	2	0,02n	0,022*	0,11n	2,68n
Trat	25	0,28**	0,011*	0,13n	16,91n
Fat xTes	1	2,52**	0,063**	0,01n	21,76n
A	4	0,44**	0,007n	0,09n	9,49n
E	4	0,54**	0,007n	0,14n	19,32n
AxE	16	0,03n	0,009n	0,14n	17,85n
Erro	50	0,04	0,006	0,10	13,38
Total	77	0,12	0,008	0,11	14,25
CV	%	9,54	22,87	5,34	8,53

Número total de racemos por planta (NTR), porcentagem total de grãos chochos (PTX), teor de água (TU) e óleo dos grãos, fonte de variação (FV), grau de liberdade (GL), fatorial dos fatores A e E (Fat), testemunha (Tes) e coeficiente de variação (CV); **, * e n correspondem, respectivamente, às significâncias a 1%, a 5% e não significativo, a 5%, pelo Teste F. Obs.: Os dados x de NTR e PTX foram transformados por $(x+0,5)^{0,5}$ e $Arcsen((x/100)^{0,5})$, respectivamente.

TABELA 16A Análise de variância da regressão (ANOVA) do número de racemos por planta, porcentagem total de grãos chochos, teor de óleo e produtividade total de grãos, em função das lâminas de água (A) e épocas de suspensão da irrigação (E). Lavras, MG, 2011

FV	GL	NTR		PTX		TO		PT	
		QM	R^2	QM	R^2	QM	R^2	QM	R^2
A	4	0,44**		0,007n		9,49n		4696523,47**	
Linear	1	1,74**	0,99	0,004n	0,14	8,51n	0,22	16650603,87**	0,89
Quadr.	1	0,01n	0,99	0,024*	0,94	2,50n	0,29	1742331,26*	0,98
Cúbico	1	0,00n	0,99	0,0001n	0,94	11,23n	0,59	339511,85n	0,99
Desv.Regr	1	0,00n		0,002n		15,7n		53646,88n	
E	4	0,54**		0,007n		19,32n		4805096,30**	
Linear	1	2,07**	0,96	0,008n	0,31	1,41n	0,02	11872725,23**	0,62
Quadr.	1	0,02n	0,97	0,018n	0,97	50,75*	0,68	6871504,36**	0,98
Cúbico	1	0,06n	0,99	0,001n	0,99	19,63n	0,93	298985,10n	0,99
Desv.Regr	48	0,00n		0,0001n		5,50n		177170,49n	
Erro	50	0,04		0,0058		13,38		230181,70	

Número total de racemos por planta (NTR), porcentagem total de grãos chochos (PTX), teor de óleo (TO) e produtividade total dos grãos da cultura (PT), fonte de variação (FV), grau de liberdade (GL), quadrado médio (QM) e coeficiente de determinação (R^2); **, * e n correspondem, respectivamente, às significâncias a 1%, a 5% e não significativo, a 5%, pelo Teste F. Obs.: Os dados x de NTR e PTX foram transformados por $(x+0,5)^{0,5}$ e $Arcsen((x/100)^{0,5})$, respectivamente.

134

TABELA 17A Análise de variância da regressão (ANOVA) do número de racemos por planta, porcentagem total de grãos chochos, teor de óleo e produtividade total para o estudo das lâminas de água (A) dentro das épocas de suspensão da irrigação (E). Lavras, MG, 2011

FV	GL	NTR QM	NTR R^2	PTX QM	PTX R^2	TO QM	TO R^2	PT QM	PT R^2
A:E1	4	0,09n		0,032**		13,86n		743911,15*	
Linear	1	0,21*	0,62	0,092**	0,72	25,39n	0,46	2889836,45**	0,97
Quadr.	1	0,06n	0,79	0,019n	0,87	10,36n	0,65	53384,45n	0,99
Cúbico	1	0,07n	0,99	0,016n	0,99	3,54n	0,71	24099,77n	0,99
Desv.Regr	1	0,01n		0,001n		16,15n		8323,94n	
A:E2	4	0,06n		0,002n		16,96n		516610,03n	
Linear	1	0,18*	0,68	0,003n	0,37	2,85n	0,04	2040869,55**	0,99
Quadr.	1	0,02n	0,74	0,003n	0,69	26,89n	0,44	8523,78n	0,99
Cúbico	1	0,04n	0,92	0,002n	0,87	32,53n	0,92	12345,65n	0,99
Desv.Regr	1	0,02n		0,001n		5,57n		4701,15n	
A:E3	4	0,11n		0,001n		10,28n		1234634,51**	
Linear	1	0,41**	0,94	0,00002n	0,00	0,00n	0,00	4501564,79**	0,91
Quadr.	1	0,00n	0,94	0,002n	0,50	0,16n	0,00	433322n	0,99
Cúbico	1	0,01n	0,97	0,001n	0,69	4,18n	0,11	1253,76n	0,99
Desv.Regr	1	0,01n		0,001n		36,78n		2397,50n	
A:E4	4	0,19**		0,003n		16,49n		1489203,27**	
Linear	1	0,63**	0,83	0,006n	0,50	31,28n	0,47	4405819,03**	0,74
Quadr.	1	0,00n	0,83	0,003n	0,72	14,8n	0,70	1008702,83*	0,91
Cúbico	1	0,04n	0,88	0,0001n	0,73	19,43n	0,99	515010,8n	0,99
Desv.Regr	1	0,09n		0,004n		0,44n		27280,43n	
A:E5	4	0,11*		0,007n		23,31n		1387859,64**	
Linear	1	0,4**	0,88	0,02n	0,74	18,65n	0,20	3150887,25**	0,57
Quadr.	1	0,02n	0,93	0,003n	0,85	0,38n	0,20	2038224,41**	0,94
Cúbico	1	0,01n	0,96	0,001n	0,88	1,71n	0,22	255755,95n	0,98
Desv.Regr	1	0,02n		0,003n		72,5*		106570,96n	
Erro	50	0,04		0,0058		13,38		230181,70	

Número total de racemos por planta (NTR), porcentagem total de grãos chochos (PTX), teor de óleo (TO) e produtividade total dos grãos da cultura (PT), fonte de variação (FV), grau de liberdade (GL), quadrado médio (QM) e coeficiente de determinação (R^2); A:E1, A:E2, A:E3, A:E4 e A:E5 são os desdobramentos das lâminas A dentro de cada época E1, E2, E3, E4 e E5, respectivamente; **, * e n correspondem, respectivamente, às significâncias a 1%, a 5% e não significativo, a 5%, pelo Teste F. Obs.: Os dados x de NTR e PTX foram transformados por $(x+0,5)^{0,5}$ e $Arcsen((x/100)^{0,5})$, respectivamente.

TABELA 18A Análise de variância da regressão (ANOVA) do número de racemos por planta, porcentagem total de grãos chochos, teor de óleo e produtividade total para o estudo das épocas de suspensão da irrigação (E) dentro das lâminas de água (A). Lavras, MG, 2011

FV	GL	NTR QM	R^2	PTX QM	R^2	TO QM	R^2	PT QM	R^2
E:A1	4	0,02n		0,009n		9,68n		461913,97n	
Linear	1	0,07n	0,88	0,032*	0,90	27,40n	0,71	584020,97n	0,32
Quadr.	1	0,00n	0,89	0,003n	0,99	5,04n	0,84	1104434,56*	0,91
Cúbico	1	0,01n	0,99	0,0002n	0,99	0,96n	0,86	1523,30n	0,92
Desv.Regr	1	0,00n		0,0002n		5,32n		157677,07n	
E:A2	4	0,19**		0,023**		19,13n		1066545,01**	
Linear	1	0,74**	0,98	0,067**	0,74	32,23n	0,42	2767836,25**	0,65
Quadr.	1	0,01n	0,99	0,021n	0,97	2,16n	0,45	1469054,70*	0,99
Cúbico	1	0,01n	0,99	0,003n	0,99	31,71n	0,86	21770,06n	0,99
Desv.Regr	1	0,00n		0,00001n		10,44n		7519,03n	
E:A3	4	0,11n		0,002n		36,78*		1417475,41**	
Linear	1	0,37**	0,88	0,0001n	0,02	97,69**	0,66	4185357,81**	0,74
Quadr.	1	0,01n	0,91	0,007n	0,74	10,76n	0,74	1346769,85*	0,98
Cúbico	1	0,00n	0,92	0,0025n	0,99	14,48n	0,84	118792,70n	0,99
Desv.Regr	1	0,04n		0,00001n		24,19n		18981,270n	
E:A4	4	0,24**		0,0021n		19,64n		1841061,07**	
Linear	1	0,69**	0,73	0,0046n	0,56	0,69n	0,01	5812507,45**	0,79
Quadr.	1	0,00n	0,74	0,000001n	0,56	30,44n	0,40	1077395,34*	0,94
Cúbico	1	0,23*	0,98	0,0031n	0,94	3,06n	0,44	371250,96n	0,99
Desv.Regr	1	0,02n		0,0005n		44,36n		103090,53n	
E:A5	4	0,11*		0,0082n		5,50n		693795,98*	
Linear	1	0,41**	0,93	0,0322*	0,98	8,15n	0,37	672656,38n	0,24
Quadr.	1	0,02n	0,97	0,0002n	0,98	11,68n	0,90	1960229,01**	0,95
Cúbico	1	0,01n	0,99	0,00003n	0,98	0,09n	0,91	142296,42n	0,99
Desv.Regr	1	0,00n		0,0006n		2,10n		2,10n	
Erro	50	0,04		0,0058		13,38		230181,70	

Número total de racemos por planta (NTR), porcentagem total de grãos chochos (PTX), teor de óleo (TO) e produtividade total dos grãos da cultura (PT), fonte de variação (FV), grau de liberdade (GL), quadrado médio (QM) e coeficiente de determinação (R^2); E:A1, E:A2, E:A3, E:A4 e E:A5 são os desdobramentos das épocas de suspensão E dentro de cada lâmina A1, A2, A3, A4 e A5, respectivamente; **, * e n correspondem, respectivamente, às significâncias a 1%, a 5% e não significativo, a 5%, pelo Teste F. Obs.: Os dados x de NTR e PTX foram transformados por $(x+0,5)^{0,5}$ e $Arcsen((x/100)^{0,5})$, respectivamente.

TABELA 19A Valores médios observados do número de racemos por ordem por planta em função das lâminas de água (A) e épocas de suspensão da irrigação (E). Lavras, MG, 2011

A/E	...............NRS(número-planta⁻¹)...............					
A/E	120	149	177	196	220	Méd
40	2,0	2,0	2,0	2,0	2,3	2,1
70	1,3	2,0	2,0	2,3	2,0	1,9
100	2,0	2,0	2,0	2,3	2,0	2,1
130	2,3	2,0	2,3	2,7	3,0	2,5
160	2,3	2,7	2,3	2,3	2,7	2,5
Méd	2,0	2,1	2,1	2,3	2,4	2,2
A/E	...............NRT(número-planta⁻¹)...............					
40	0,0	0,0	0,0	0,7	0,7	0,3
70	0,0	0,3	1,3	1,3	1,3	0,9
100	0,0	0,7	1,7	1,3	1,7	1,1
130	0,3	0,3	1,3	2,7	1,7	1,3
160	0,7	1,0	2,3	2,7	2,7	1,9
Méd	0,2	0,5	1,3	1,7	1,6	1,1
A/E	...............NTR(número-planta⁻¹)...............					
40	3,0	3,0	3,3	3,7	3,7	3,3
70	2,3	3,3	4,0	4,3	5,0	3,8
100	3,0	3,7	4,7	4,3	5,0	4,1
130	3,7	3,3	4,7	6,3	5,7	4,7
160	4,0	4,7	5,7	6,0	6,0	5,3
Méd	3,2	3,6	4,5	4,9	5,1	4,3
0*	...	...	1,0	...	...	1,0

Valores médios do número de racemos secundários (NRS), terciários (NRT) e total por planta (NTR) resultante da soma dos dois primeiros mais um racemo primário por planta (NRP = 1); lâminas de água A1, A2, A3, A4 e A5 referem-se às porcentagens de reposição 40%, 70%, 100%, 130% e 160%A3 e às épocas de suspensão da irrigação E1, E2, E3, E4 e E5, aos 120, 149, 177, 196 e 220 dias após a semeadura (DAS); Obs.: * tratamento testemunha recebeu lâmina total acumulada A0 = 173 mm num ciclo de 177 dias após semeadura (DAS), ou seja, A0E0; os dados da testemunha referem-se apenas à ordem primária do número de racemos (NRP).

TABELA 20A Valores médios observados de produtividade de grãos por ordem de racemos, em função das lâminas de água (A) e épocas de suspensão da irrigação (E). Lavras, MG, 2011

...............PRS**(kg ha^{-1})...............

A/E	120	149	177	196	220	Méd
40	277,6	912,7	892,0	955,8	721,1	751,8
70	365,7	1122,8	1342,4	1349,8	1341,2	1104,4
100	655,8	1263,3	1787,7	1861,9	1665,6	1446,9
130	883,8	1491,5	1861,0	2244,9	2062,7	1708,8
160	1147,1	1687,0	1735,7	1824,0	1390,7	1556,9
Méd	666,0	1295,5	1523,8	1647,3	1436,3	1313,8

...............PRP**(kg ha^{-1})...............

A/E	120	149	177	196	220	Méd
40	767,4	879,3	913,8	1096,4	800,2	891,4
70	751,7	974,2	1015,4	1009,4	824,4	915,0
100	847,2	963,1	984,3	1117,6	980,2	978,5
130	932,0	930,4	1043,5	1172,4	915,6	998,8
160	1030,3	985,3	1218,8	1033,3	913,6	1036,3
Méd	865,7	946,4	1035,2	1085,8	886,8	964,0
0*	...	...	258,9	...		258,9

...............PRT**(kg ha^{-1})...............

A/E	120	149	177	196	220	Méd
40	0,0	14,5	25,8	27,6	35,1	20,6
70	14,5	97,6	163,3	232,6	211,5	143,9
100	23,3	155,3	217,2	298,5	235,1	185,9
130	50,2	213,2	417,1	465,0	416,4	312,4
160	52,4	218,1	413,5	493,2	363,9	308,2
Méd	28,1	139,8	247,4	303,4	252,4	194,2

...............PT**(kg ha^{-1})...............

A/E	120	149	177	196	220	Méd
40	1045,0	1806,5	1831,5	2079,7	1556,5	1663,9
70	1131,9	2194,6	2521,1	2591,8	2377,1	2163,3
100	1526,3	2381,8	2989,2	3278,0	2880,9	2611,2
130	1866,0	2635,1	3321,7	3882,3	3394,6	3019,9
160	2229,8	2890,4	3368,0	3350,6	2668,2	2901,4
Méd	1559,8	2381,7	2806,3	3036,5	2575,5	2471,9
0*	...	...	258,9	...		258,9

Produtividade de grãos dos racemos primários (PRP), secundários (PRS), terciários (PRT) e produtividade total de grãos da cultura (PT); lâminas de água A1, A2, A3, A4 e A5 referem-se às porcentagens de reposição 40%, 70%, 100%, 130% e 160%A3 e às épocas de suspensão da irrigação E1, E2, E3, E4 e E5, aos 120, 149, 177, 196 e 220 dias após a semeadura (DAS); Obs.: * tratamento testemunha recebeu lâmina total acumulada A0 = 173 mm num ciclo de 177 dias após semeadura (DAS), ou seja, A0E0, e os dados referem-se apenas à ordem primária; ** dados de produtividades referem-se à umidade de grãos de 10%Ubu e teor de óleo médio de 43%bu.

138

Lightning Source UK Ltd.
Milton Keynes UK
UKOW04f1902220817

307732UK00001B/179/P